JN111524

はじめに

世の中は、数字に溢れている。

「10％還元」「降水確率０％」「乳酸菌１００億個」「５㎝痩せられる」「野生動物の生息数」「国勢調査」「ウイルス感染者数」「就職内定率90％」「40dBの静けさ」……。

このような数字で説明されると、わかりやすいし、説得力があるように感じられるものだ。

しかし、鵜呑みにしてはいけない。嘘やデタラメばかりだからだ。安易に信じてしまうと危険である。相手の思うツボだ。都合のいいように操られて大損したり、思わぬ落とし穴にはまり込むに違いない。誰かの「カモ」になって、人生を狂わされることになるだろう。

世の中は、人生を狂わせる数字に溢れているのだ。


それでは、人生を狂わされないようにするためにはどうすべきか？

数字の嘘を見抜くことが必要である。

数字が嘘だと気づいたら、そんな数字は信じなくていいし、無視すればいいからだ。

ただし、数字の嘘を見抜くためには「数字リテラシー」を習得しなければならない。「数字リテラシー」とは、数字の裏側やカラクリを知り、数字を正しく理解する能力のことである。

本書は、「数字リテラシー」を習得するための入門書である。

社会・健康・お金・暮らし・自然という日常生活で見かける数字について、裏側やカラクリを知り、正しく理解できるようになるためのコツを解説した。

特に、最も重要で基本的な25個のコツについて、なるべく丁寧に詳しく説明したものである。小・中学校の算数・数学が苦手な人でも読めるだろう。子どもからお年寄りまで、誰でも読んで学べるはずだ。本書を読めば、「数字リテラシー」を習得して、数字の嘘を見抜くことができるようになるだろう。

本書ができたのは、私が厚生労働省で情報分析を担当したからである。

私は、東京大学で数学・自然科学を学び、国家公務員採用I種試験（現在の総合職試験）に合格して、厚生労働省に採用されたキャリア官僚であった。

「新型コロナウイルス感染症」や「黄泉がえり」のような未知の現象について、どのくらい危険であるか正しく把握して、国民を守るために必要な対策を講じるのが主な仕事だ。

未知の現象がどれほど危険であるかは簡単にはわからないものである。

だから、学術論文や統計・データ、テレビ・新聞など、あらゆる情報を分析しなければならない。また、それらの情報の中に「嘘」がないか確認する必要がある。なぜなら、「嘘」があると「嘘」の情報に惑わされてしまい、本当は危険なのに安全だと勘違いしたり、本当は必要な対策を怠るような事態になりかねないからである。

そのため、様々な情報の中に「嘘」がないか確認するのが私の日課のようになっていった。

すると、「嘘」をうまく見つけられる方法がわかってきた。特に、簡単な計算方法などをいくつか知っておくだけでよくて、専門的知識や高度な技術は必ずしも必要ないことに気づいた。**「嘘を見抜く」ためには、数字に関する簡単なコツさえ知っていればいい**ことがわかったのである。

ただ、そのコツは誰にも教えたことはなかった。

しかし、公務員による不祥事が絶えなくなった今、「国民に対して謝罪するだけでは不十分だ。役に立つものを届けなければ」と思った私は、そのコツを一人でも多くの国民にわかりやすいように整理して伝えることにした。そうしてできたものが本書である。

ところで、本書を手に取った人の中には「数字リテラシーって面白いのかな」と疑っている人もいるに違いない。

しかし、安心してほしい。そのように疑うのは当然のことである。

例えば、東大生や官僚は「勉強が面白い」と言うが、みんな最初から「勉強が面白い」と思っていたわけではない。「勉強って面白いのかな」と疑っていた人がほとんどである。

彼らは、「勉強が面白いから、勉強をした」のではなく、「勉強をしていたら、勉強が面白くなった」という人ばかりなのだ。

「数字リテラシー」もこの「勉強」と同じである。

最初から「面白い」とか「面白くない」と決めつけないでいただきたい。

「本書を読んでいたら、数字リテラシーが面白くなった」と感じていただけると思う。

そして、「数字リテラシーが面白くなった」ことを通じて、学校の算数・数学に対する苦手意識を無くしたり、理解をより深めていくことができるだろう。

２０２０年7月　田口　勇

カモにされないための数字リテラシー
数字の嘘を見抜く本
目次

第2章 健康にまつわる数字の嘘 …… 47

第3章 お金にまつわる数字の嘘 ……83

第1章

社会にまつわる数字の嘘

日本の人口は1億2709万4745人？

【嘘を見抜くポイント】こまかすぎる数に注意しよう

■国勢調査って正しいの？

平成27年の国勢調査によると、日本の人口は1億2709万4745人だったそうだ。

1億2709万4745人と聞いて、あなたはどう思っただろうか？「そんなものか」と思ったかもしれないし、少し詳しい人なら「ピークの頃からすると1000万人以上減っているな」と思ったかもしれない。

しかし、いずれにせよ、「日本の人口は1億2709万4745人」という数字をすんなり受け入れた人は危ない。立派な「カモ」予備軍と言えるだろう。

国勢調査は、「国の情勢を明らかにする調査」という意味だ。戸籍や住民票では把握できない人口や世帯の実態を明らかにするため、5年ごとに行われるものである。ちなみに、2020年は、1920年に国勢調査が開始して以来、ちょうど100年目の節目の年になる。600億円以上がかけられ、70万人以上の調査員が関わるという。こんな長年続けられている巨大国家プロジェクトから算出された数字なのに、すんなり受け入れてはいけないというのはどういうことだろうか。

国勢調査は、日本に住んでいる全ての人が回答しなければならないことになっている。国勢調査は**「全数調査」**なのである。全数調査とは、その名のとおり、調査対象者の全てを調査するものである。ある人だけを対象とした抽出調査や、ある地域だけを対象とした部分調査などではないということだ。

近年はインターネットでの回答も可能になったものの、調査員がわざわざ家まで訪れて、内容を説明したり、書類を配布するといった作業がいまだに行われている。

なぜこんなに手間をかけて行っているかというと、集まった回答の数＝人口となるからだ。そして、この人口を基に、議員の数を決めたり、地域の経済状況をはかったりする。だから、どうしても正確な値が必要なのだ。

全数調査なので、当然、ホームレスや外国人、入院患者も対象となる。ホームレスと呼ばれる住所不定の人は、大きな公園や駅の地下道などに集まって、専門の調査員による調査が行われることがある。また、日本国籍を持っていなくても、3か月以上日本に住んでいれば調査の対象となるし、入院患者は、入院期間が3か月未満の場合は自宅で調査し、3か月以上になれば、入院先の病院などで調査することになる。

■正確な数字がわかるのか？

こう聞いたあなたは、「国勢調査で人口の正確な数がわかりそうだね」などと思っていないだろうか？　よく考えてみてほしい。

日本の人口は、刻一刻と変わっているのである。近年では、1日に約2900人生まれ、約3200人死んでいると言われる。つまり、日本の人口は、1時間経つごとに10人以上減少しているのである。これは、正確な人数を知るためには、国民の全員を同じ日の同じ時刻に調査しなければならないことを意味している。

現状では、10月1日午前0時の状況を調査することが法令で定められているが、10月1日午前0時ちょうどに国民の全員が調査に回答しない限り、正確な人数は得られないことになる。そんなこと不可能だろう。

■嘘をつく人がいる

さらに、**国勢調査には、虚偽の報告がつきもの**だ。

例えば、本当は死んでいるのに、生きているかのように嘘をつく人がいる。高齢者を介護していた人だ。容易に想像できる。

ある朝、同居するおばあちゃんが起きてこない。「おかしいな」と思って様子を見に行ってみると、なんと冷たくなっているではないか。そこで、「大変だ！」と救急車を呼ぼうと慌てて電話をかけようとするが、「ちょっと待てよ」と立ち止まるのである。なぜなら、次のようなことが頭をよぎるからだ。「おばあちゃんが死んだことがばれると、おばあちゃんに払われていた年金が止まってしまう」。そして、「しばらくの間、生きていることにしよう」となるのである。

これは、当然、死体遺棄などにあたる違法行為だ。そんな人にとって、国勢調査の虚偽報告ぐらい容易いことに違いないだろう。このような高齢者は、「行方不明高齢者」などと呼ばれる。「行方不明高齢者」は、一説では５００人以上いると言われているが、現在どのくらいいるかは正確にはわかっていない。

■役所も嘘をつく

嘘をつくのは何も一般人だけではない。役所さえも嘘をつく。

過去には、国勢調査の際に「人口の水増し」が行われたことがある。個人から集めたデータを、役所が改ざんしたのだ。

1970年の北海道羽幌町では、町職員などが、調査用紙に架空の居住者や転出者を町内に居住しているかのように記入するなどして、約5900人を水増しした。これは、「町を市に移行したい」という役所の思惑があったからだ。

また、2010年の愛知県知多郡東浦町でも同様に、町の人口を5万82人に水増しした。これも、「町を市に移行する」ためであり、「人口5万人」がそのための条件だったからだ。その後、居住実態のない調査票が見つかり、組織ぐるみでの違法行為が明らかとなった。

■虚偽の回答がたくさんある

データが不正確になる原因は、他にもある。

「自分のことを正確に把握していない」とか、「自分のことを良く見せたい」ために、虚偽の回答をすることもあるのだ。

これは、人口ピラミッドなどの年齢統計でよく見られる。

例えば、自分の年齢を正確に知らない人が、自分の年齢に近いと思われるキリのいい数字(下1桁が0や5である数字)で回答するのである。このような傾向が強い場合、**エイジ・ヒーピング**と呼ばれる偏った年齢分布となり、統計は実態とかけ離れたものになる。インドネシアの年齢統計が典型的だ。(次のページ、上の図)

〈インドネシア　2010 年人口ピラミッド〉

（2010 年 5 月 15 日現在）

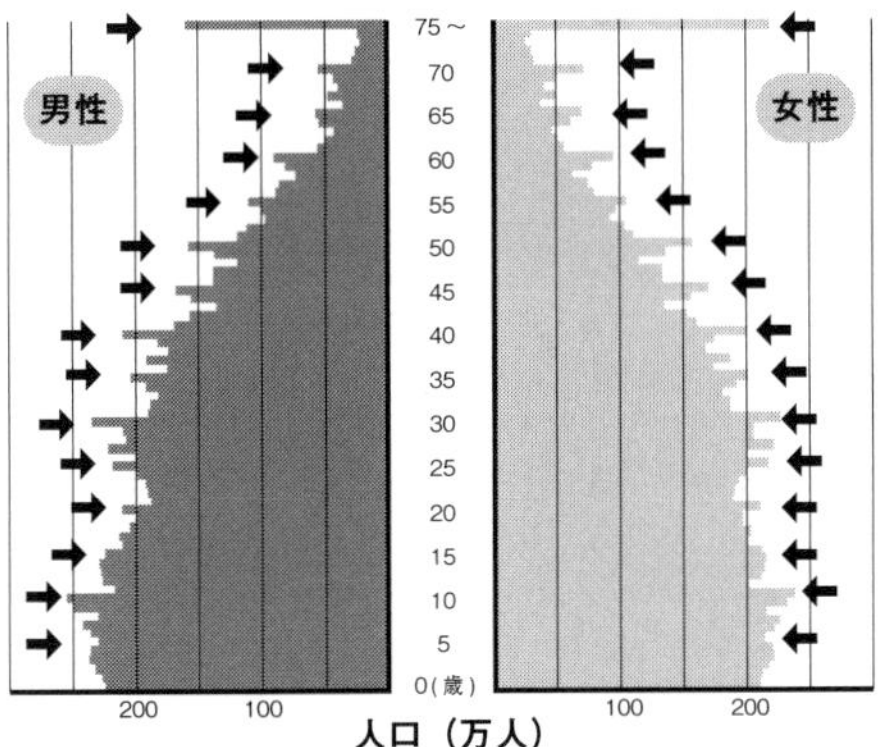

「インドネシアの人口ピラミッドと Age Heaping」（総務省統計研究研修所）
（https://www.stat.go.jp/info/meetings/develop/pdf/ind_pyra.pdf）を加工して作成

〈日本　2015 年人口ピラミッド〉

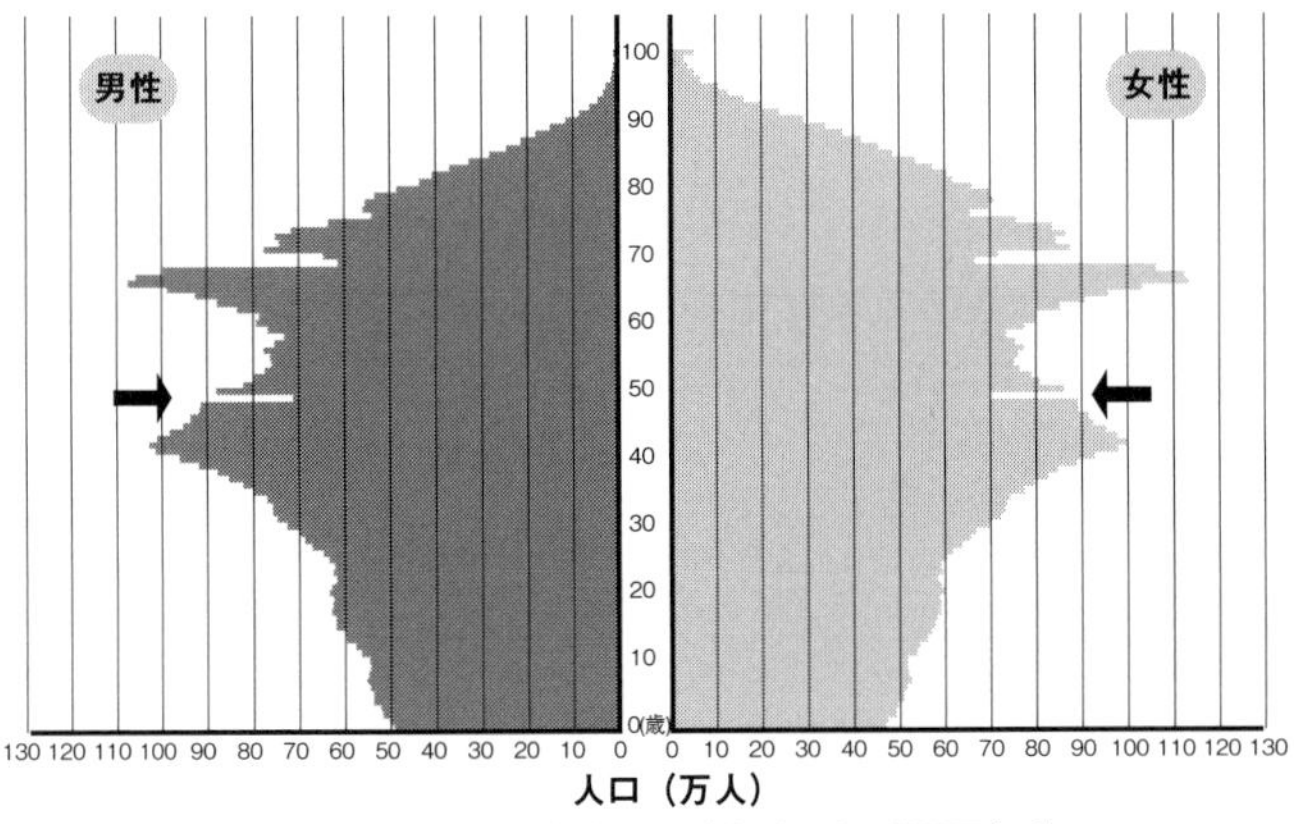

「日本の将来推計人口」（平成 29 年推計）（国立社会保障・人口問題研究所）
（http://www.ipss.go.jp/site-ad/TopPageData/PopPyramid2017_J.html）を加工して作成

また、縁起の良い年の生まれであると答えたり、悪い年を避けて回答することもある。日本の年齢統計も注意しなければならない。例えば、２０１５年に49歳だった人の数、つまり、１９６６年生まれの人口は不自然に少ない結果となっている。（前のページ、下の図）

これは丙午（ひのえうま、へいご）生まれの迷信があるためだ。丙午の年は、西暦年を60で割って46が余る年である。この迷信は、「丙午の年の生まれの女性は気性が激しく夫の命を縮める」という江戸時代の初期から広まったものだと言われている。子供をもうけるのを避けたり、妊娠中絶をした夫婦が地方や農村部を中心に多かったとされているが、真相はわからない。本当は１９６６年生まれなのに、嘘をついている可能性があるからだ。

１９６６年前後に生まれた人の数は信頼できないと言えるだろう。

■国勢調査の対象にならない人がいる

最後に、国勢調査の対象とすべきなのに、対象とならない人がいることを知っておこう。

それは、「ネットカフェ難民」である。

「ネットカフェ難民」は、ネットカフェや24時間営業のレストランなどを転々として生活している人のことだ。だから、足取りがつかめないために把握することが難しく、調査から漏れてしまうのである。

「ネットカフェ難民」は、一説では、東京都だけでも4000人ほどいると言われている。しかし、もっと多いかもしれない。2020年、新型コロナウイルスの感染拡大を防止するため、「緊急事態宣言」が発出されたことがあった。そのとき、ネットカフェなどが休業したために生活拠点を失った「ネットカフェ難民」が想定よりも多くて問題になったのである。急きょ、自治体がビジネスホテルなどの居場所を提供することになった。「ネットカフェ難民」の数は想像されているよりもはるかに多いかもしれないのだ。

そして、「ネットカフェ難民」には、各々複雑な社会的・経済的事情があるのであり、本来であれば、国の経済状況を把握するために彼らのデータは不可欠なはずである。それなのに、国勢調査の対象とはならないのだ。

このように、国勢調査は、国を挙げた巨大プロジェクトとはいえ、正確な数字を導き出すことなどできないものなのである。

ある程度の傾向は見てとれたとしても、こまかい人数においては全く信用ならない。

こまかい数字が示されていても、実際とは数千人以上のずれがあると考えた方が良い。

そのため、国勢調査に基いた経済状況の判断も、必ずしも信頼できるとは言えないだろう。

交通事故死亡者数ワースト1の愛知県は危険？

【嘘を見抜くポイント】「数」だけでなく「起こりやすさ」を評価しよう

■交通事故死亡者数、3年連続ワースト1位

警察庁によると、愛知県の交通事故死亡者数が3年連続ワースト1位だったそうだ。「愛知県はなんて恐ろしいところなんだろう」と思っていないだろうか？　さらには、「名古屋走り」と言われる激しい割込みや車線変更などの危険な運転がテレビ・新聞で大きく報じられていたことを思い出して、「やっぱり愛知県は危険なところだったのだな」などと納得している人も多いことだろう。

しかし、ちょっと待っていただきたい。このデータは、死亡した人の数を示したものだ。確かに、死亡した人の数が多いと、なんだか大変な状況になっているような気がして、「恐ろしい」「危険だ」という感じがしてしまうが、これは正しいだろうか？

結論を先に言うと、死亡した人の数だけを見て、「危険だ」「安全だ」などと評価することは

〈交通事故死亡者数 ワースト５〉

2016年		2017年		2018年	
愛 知	212 人	愛 知	200 人	愛 知	189 人
千 葉	185 人	埼 玉	177 人	千 葉	186 人
大 阪	161 人	東 京	164 人	埼 玉	175 人
東 京	159 人	兵 庫	161 人	神奈川	162 人
北海道	158 人	千 葉	154 人	兵 庫	152 人

できない。そんな評価は嘘である。数だけを見て決めつけてはいけないのである。

■なぜ交通事故は多いのか？

データを見るときに最も大切なことは、「なぜそうなっているのか？」を考えることである。何も考えずに決め付けることほど危険なことはない。

そこで、まず、「なぜ愛知県で交通事故死亡者数は多いのか？」を考えてみよう。

「愛知県で交通事故が起こりやすいから」と答えた人は、残念だ。「数が多い」＝「起こりやすい」と勘違いしている。**「数が多い」というデータだけから、「起こりやすい」とは判断できない**のである。

例えば、「A君よりもB君の方が転んだ数が多い」というデータがあったとしよう。

これだけからは、「B君の方が転びやすい」とは言えない。A君は家の中を1mほどしか歩いていないのに対して、B君は世界中を歩いて旅していたかもしれないからだ。

もしそうだとすると、B君はもともと転びにくい性格であるのに、長い旅路を歩いたせいで、転んだ数が多くなってしまった可能性があるのである。

どちらが転びやすいかを判断するためには、A君とB君の歩いた距離に関するデータが必要だ。そして、A君とB君が同じ距離（1m）を歩いたとみなした場合の転んだ数を評価しなければならない。

これには、A君とB君のそれぞれについて、1mあたりの転んだ数＝転んだ数 ÷ 歩いた距離を計算して比較してみればよい。

今回のケースもこれと同じように考えることができる。愛知県内を走っている車が多いせいで、愛知県における交通事故の数が多くなってしまった可能性がある。そのため、都道府県別の車の数に関するデータが必要だ。

実際に調べてみると、車の数は都道府県によって異なることがわかった。（P23）

そして、車10万台あたりの交通事故死亡者数を見てみよう（P24）。車10万台あたりの交通事故死亡者数は、「交通事故死亡者数 ÷ 車の数」をもとに計算したものである。これは、全ての都道府県に同じ台数（10万台）の車があるとみなした場合の交通事故死亡者数だ。

〈都道府県別車両保有数〉

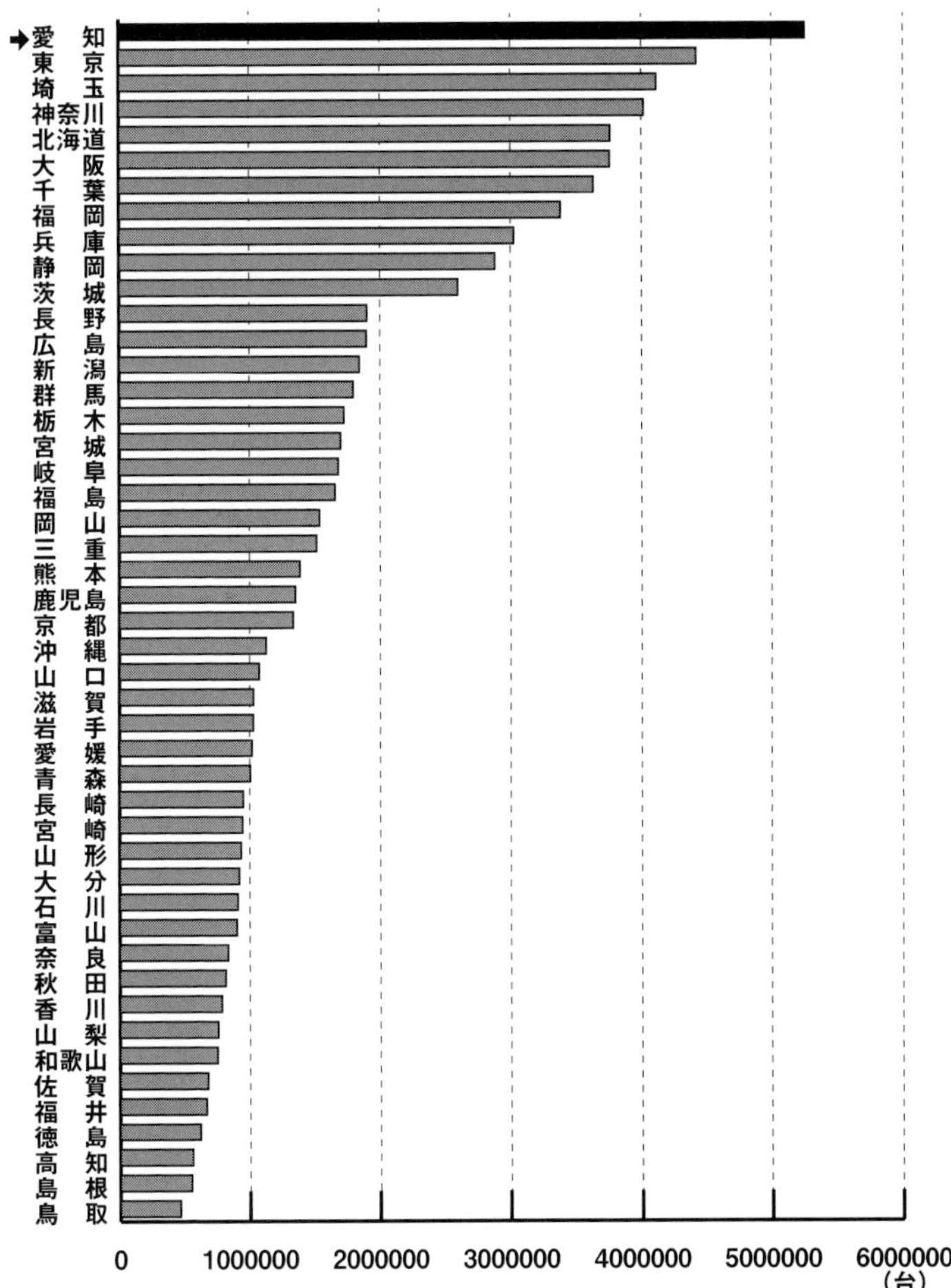

出典：「都道府県別・車種別保有台数表」（平成 30 年 3 月末現在）（一般財団法人自動車検査登録情報協会）（https://www.airia.or.jp/publish/statistics/number.html）より作成

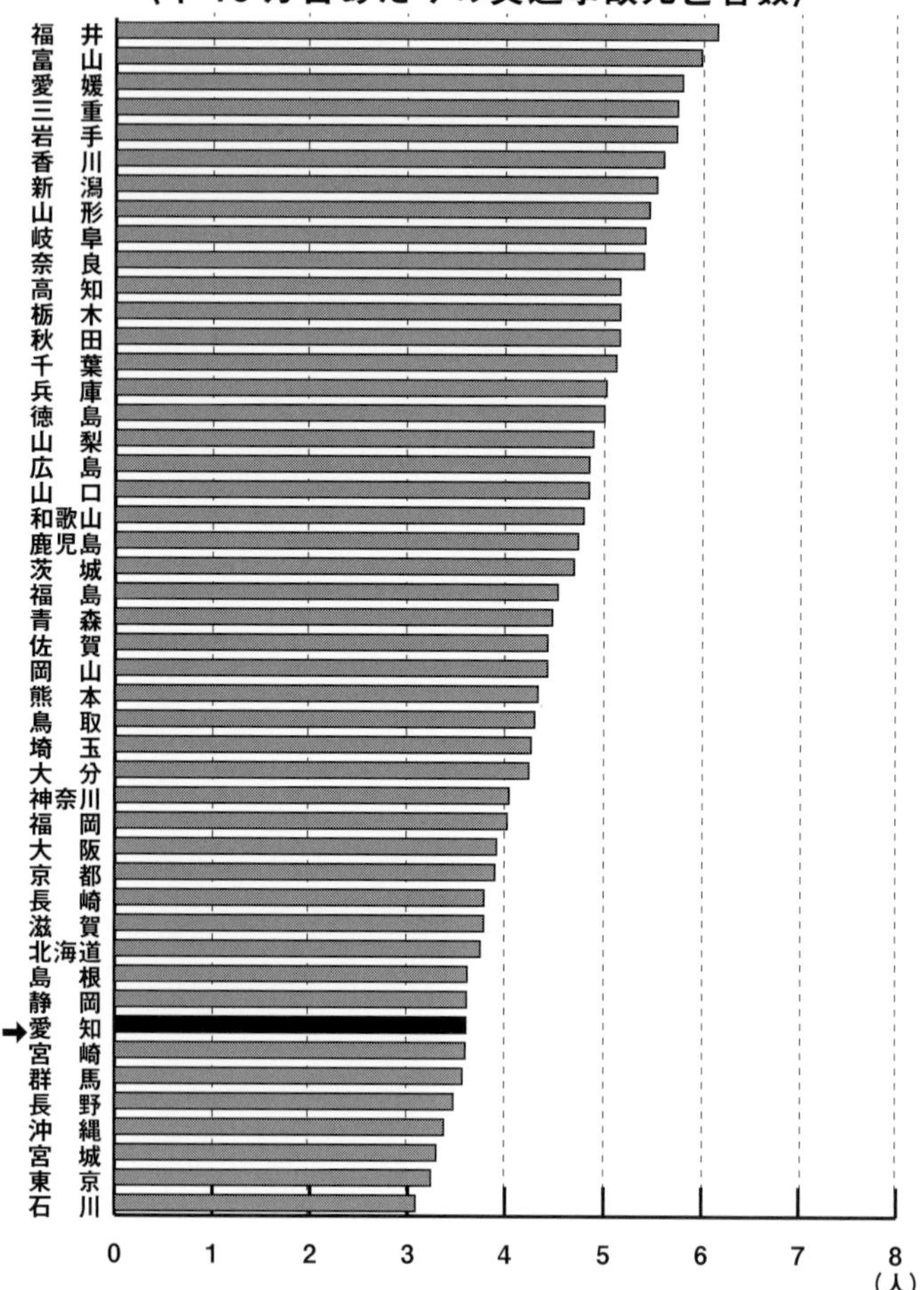

※2018 年の交通事故死亡者数を元に作成。算出に用いた人口は、前年の人口であり、総務省統計局資料「人口推計」（各年 10 月 1 日現在人口〈補間補正を行っていないもの〉）又は「国勢調査」による

すると、愛知県は下から8番目となり、交通事故が起こりやすい恐ろしい県とは言えないことがわかる。むしろ、安全な県と評価しても良いぐらいだ。

交通事故の数が多いからといって、交通事故が起こりやすいとは限らないのだ。

■高齢者ドライバー問題は嘘なのか？

他にも「数が多い」を「起こりやすい」と勘違いしている典型的なものがある。高齢者ドライバーによる交通事故だ。

テレビ・新聞などで、連日のように報道される「高齢者ドライバー問題」である。「高齢者ドライバーによる交通事故が多い」＝「高齢者ドライバーは交通事故を起こしやすい」と思い込んでいないだろうか。

よく考えてみてほしい。全国民の4人に1人が65歳以上となるなど、高齢者が増え続けている昨今だ。高齢者が増え、高齢者の運転免許保有者が増えたせいで、高齢者ドライバーの事故が多くなってしまった可能性がある。

交通事故を起こしやすい年齢を正しく判断するために、これまでと同じやり方で、運転免許保有者10万人あたりの交通事故数を見てみよう（P26）。

〈運転免許保有者10万人あたりの交通事故数〉

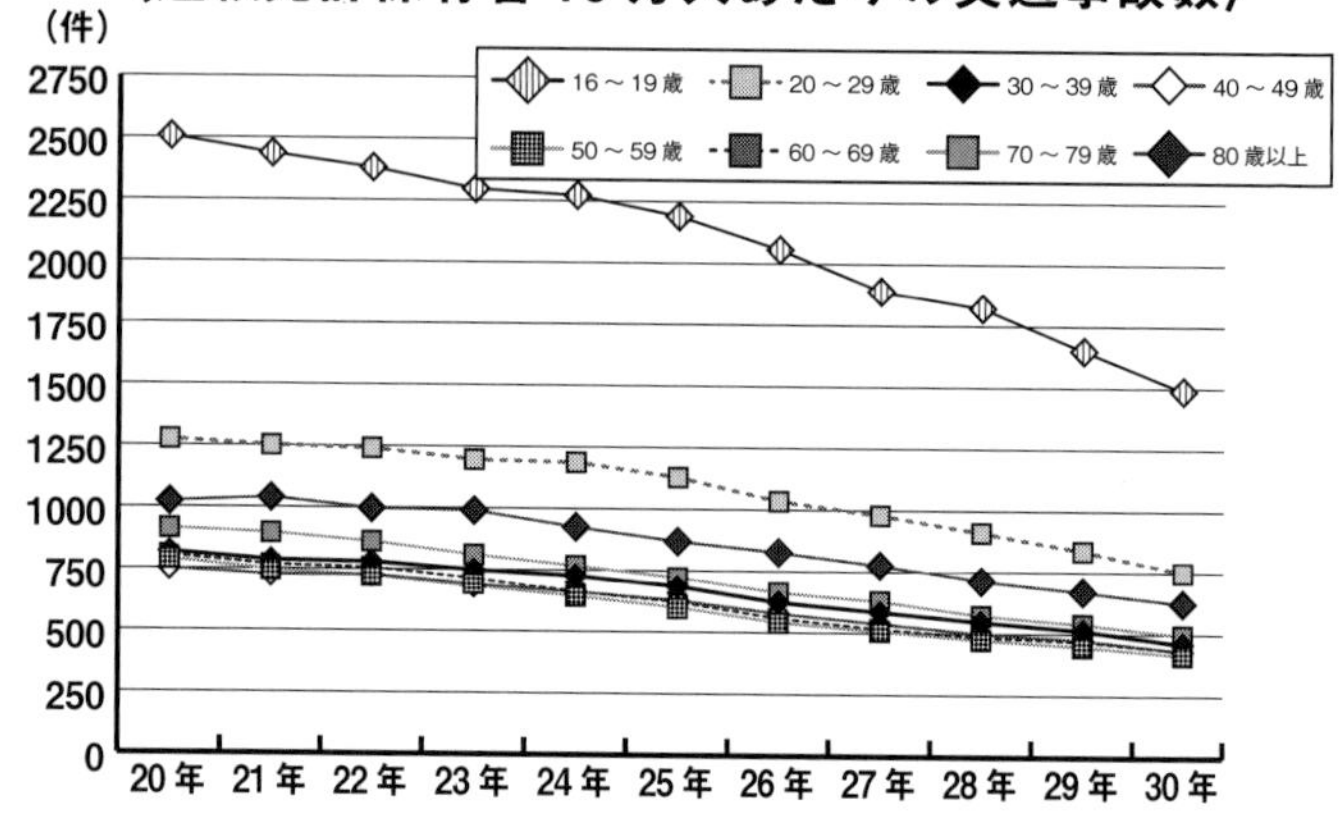

出典：「平成30年中の交通事故の発生状況」(警察庁交通局)

この結果は意外に思われるかもしれない。

事故を起こしやすいのは、高齢者よりも若者なのだ。10代と20代の若者が最も事故を起こしやすい。一方、高齢者のうち60代と70代は、30代～50代と同じくらいであることから、事故を起こしにくいと言える。

だが、「高齢者ドライバー問題なんて嘘だったんだね」と考えるのは早とちりである。

高齢者のうち80歳以上に限れば、20代に次いで事故を起こしやすいのである。

より詳しく調べるために、運転免許保有者10万人あたりの死亡事故数を見てみよう。

すると、死亡事故は、75歳以上から起こしやすくなり、85歳以上になると10代よりも起こしやすいことがわかる。一方、60代は、30代～50代とそれほど大きく変わらないことから、死亡事故を起

〈運転免許保有者10万人当たりの死亡事故数〉

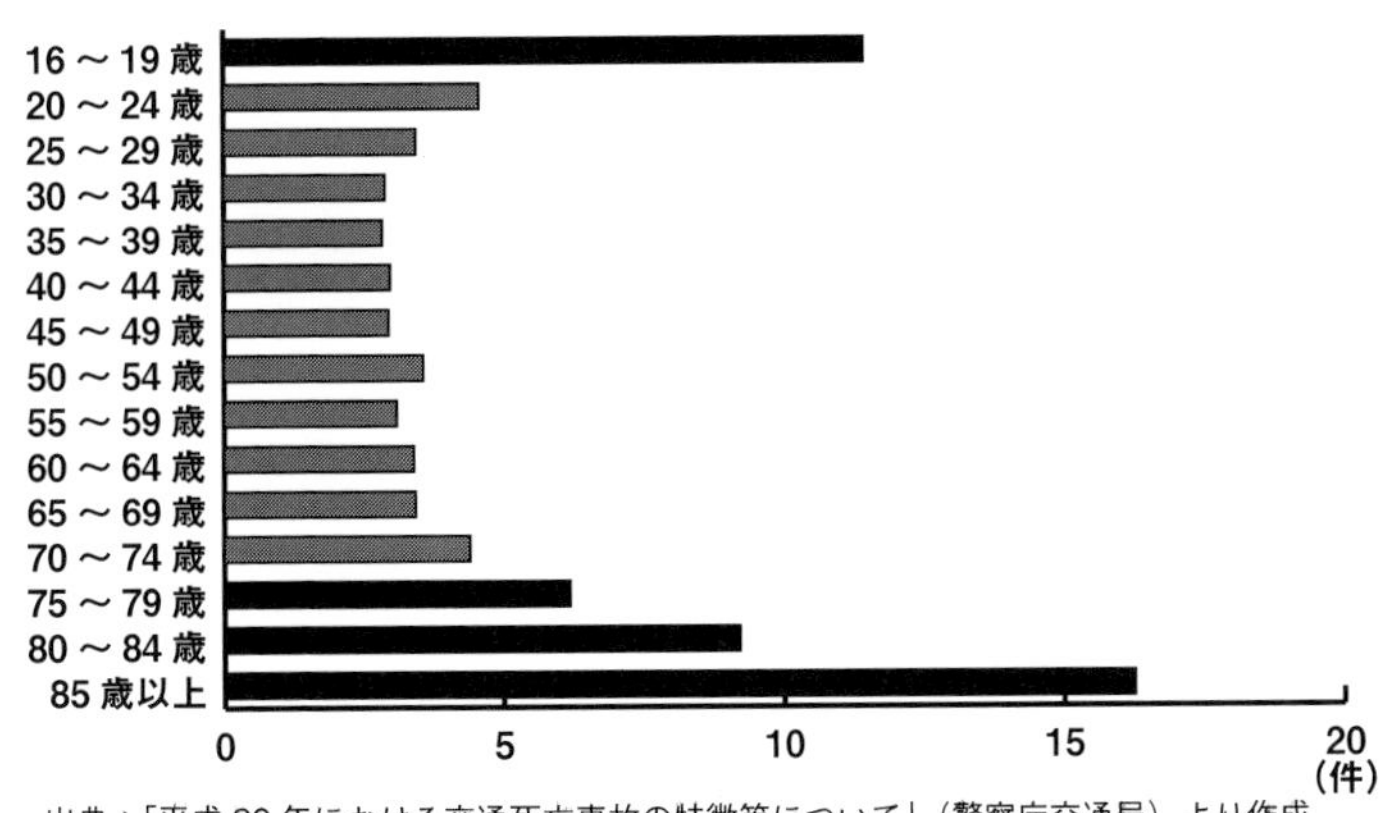

出典：「平成30年における交通死亡事故の特徴等について」（警察庁交通局）より作成

こしやすいとは言えない。

つまり、高齢者ドライバーは若者よりも交通事故を起こしにくいが、高齢者ドライバーのうち75歳以上は、ひとたび交通事故を起こせば、死亡者が発生する大変な状況になりやすいということである。

テレビ・新聞などの報道の中には、「高齢者ドライバー問題」と言って、全ての高齢者ドライバーが劣っているような印象を与えるものがあるが、そのようなものは全く間違っていると言える。

テレビ・新聞などの報道に騙されないようにするためには、**「数が多い」ことにとらわれることなく、「起こりやすさ」を慎重に丁寧に評価しなければならない。**

大学を卒業すれば9割は就職できる?

【嘘を見抜くポイント】 高すぎる数字・低すぎる数字に注意しよう

■就職内定率、90%超

厚生労働省と文部科学省によると、大学卒業予定者の就職内定率は、常に90%以上の高水準だ。

「90%なんて高すぎる!」と違和感を抱きながらも、個別の大学案内のパンフレットなどを調べてみると、あらかた同様の数字が並んでいる。

そんな数字を見ているうちに、「大学を卒業すればほぼ確実に就職できるから安心だ」などと思うようになっていないだろうか?

残念ながら、それは勘違いである。

2019年卒の就職内定率は97・6%だが、これは「就職を希望するほぼ全ての学生が、卒業時点で最低1社からは内定をもらえている」ということを意味するわけではない。

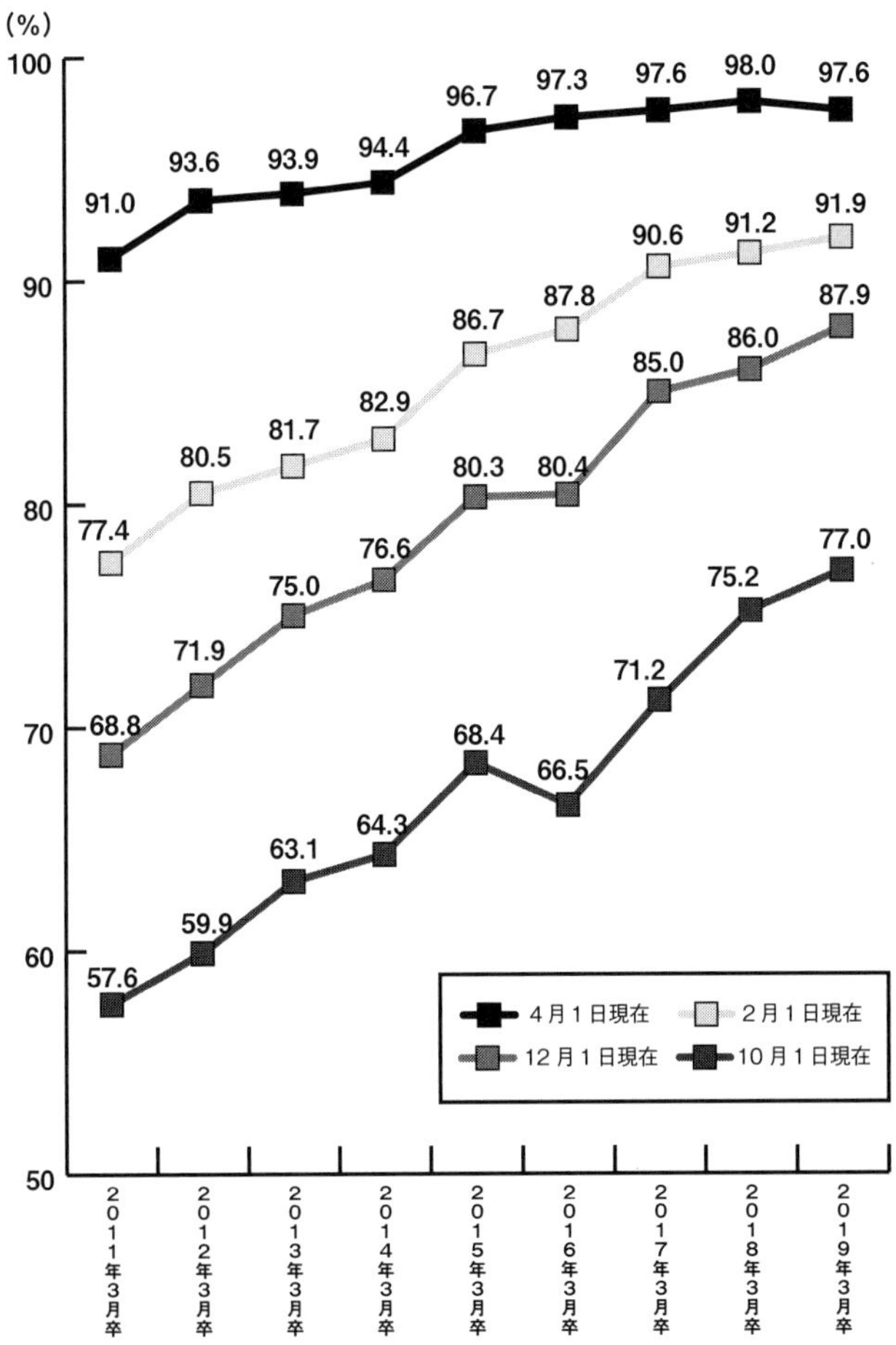

出典：「就職（内定）率推移（グラフ）」（厚生労働省）
（https://www.mhlw.go.jp/content/11804000/000565498.pdf）を改変

これを理解するためには、就職内定率の計算のしかたを知る必要がある。

就職内定率は、「就職希望者数」に対する内定者数の割合である。


就職内定率＝（内定者数 ÷ 就職希望者数）×１００

ここで注意するべきは、「就職希望者」とは、あくまで就職を希望していると自己申告した人であるということだ。就職活動を止めた人や、進路を変えて進学することにした人などのように、就職を希望しなくなった人は、「就職希望者」には集計されないのである。

もう気づいただろう。内定者が増えなくても、なんらかの事情で就職希望者が減れば、就職内定率は上がることになるのだ。10月1日時点から就職内定率が徐々に高くなっているが、内定者が順調に増えているとは限らないのである。

■社会の実態を示していない嘘の数字

就職内定率97・6％は、大学卒業予定者の実態を示したものではないのだ。

例えば、不本意ながら途中で就職を諦めざるをえなかった人や、将来の見通しがつかず困り果てた人などを除外することによって得られた嘘の数字だと言ってよいのである。

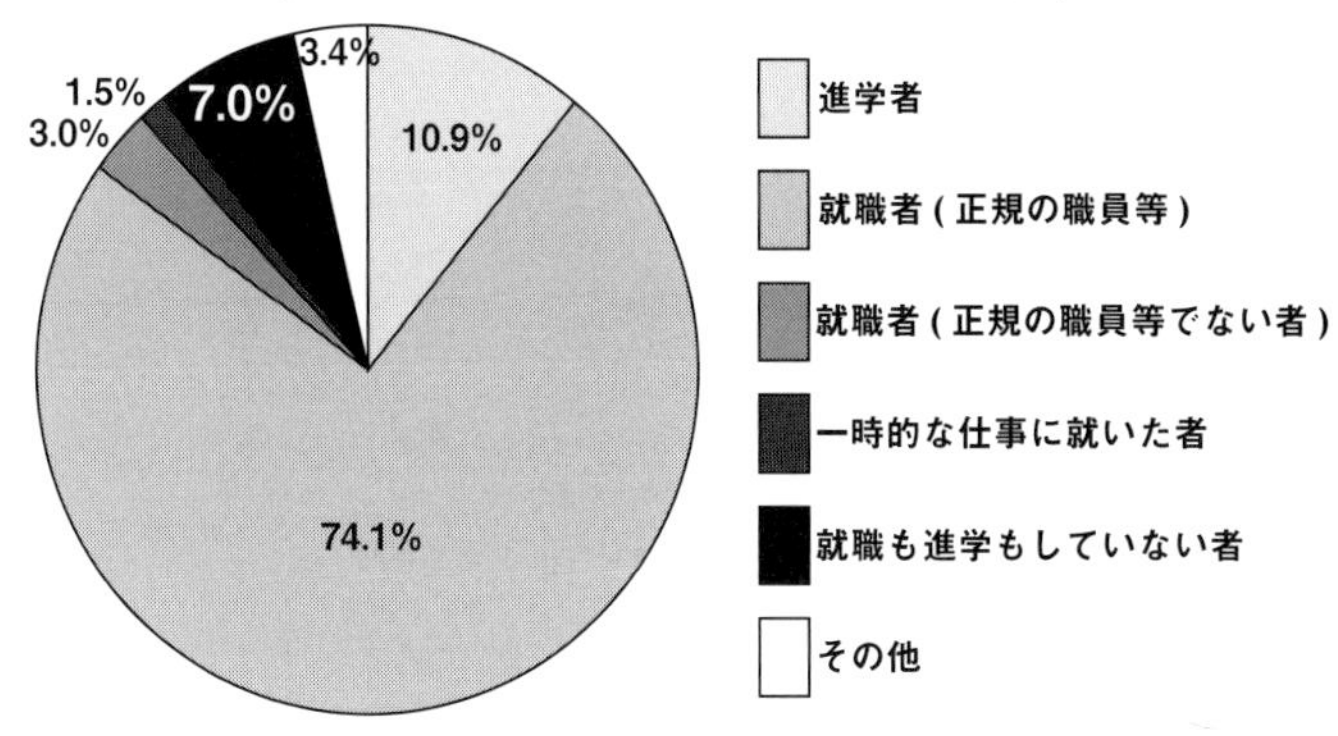

出典：「学校基本調査－平成 30 年度結果の概要－」（文部科学省）
（https://www.mext.go.jp/component/b_menu/other/__icsFiles/afieldfile/2018/12/25/1407449_3.pdf）より作成

このような人の存在を裏付けるデータは他にある。文部科学省「学校基本調査」によれば、大学卒業時に就職も進学もしない（アルバイトなど含めて）者は７・０％、数にして約４万人存在するというのだ。

就職内定率97・６％などという高すぎる印象を与える数字には注意しなければならない。

■完全失業率２％台に回復

一方、完全失業率２％というのはとても低い印象だ。これは、「完全失業率が２％台に回復したのはアベノミクスの成果だ」などという報道を通じて感じている人も多いことだろう。

高すぎる数字と同様に、低すぎる数字にも注意しなければならない。「完全失業率」も社会の実態を示していない嘘の数字だと言える。少し

〈完全失業者の定義〉

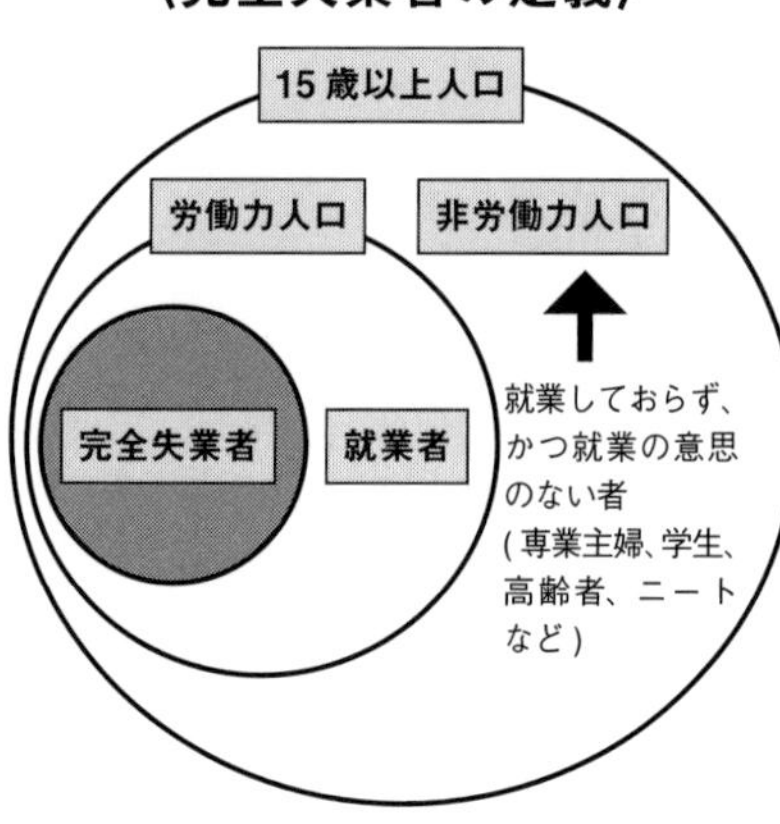

詳しく見てみよう。

まず、完全失業率は、労働力人口に対する「完全失業者数」の割合である。

完全失業率＝（完全失業者数÷労働力人口）×100

ここで、「完全失業者」とは、単に仕事をしていない人ではない。

①仕事をしていない
②仕事があればすぐ就くことができる
③仕事を探す活動や事業を始める準備をしている

という3つの条件全てを満たす人のことである。あくまで働きたいという意欲を持っていながら、それでも働いていない人のことなのだ。専業主婦、赤ん坊、寝たきりの老人などは、仕事をしていないが、「完全失業者」には集計されない。

そればかりではない。仕事をする気のない「ニート」も含まれないことになる。「完全失業者」も「ニート」も失業状態にあるという点では同じはずだ。「完全失業率が2％台に回復した！」などと喜んでいていいのだろうか？

完全失業者とニートの数を比較してみよう。まず、完全失業者についてだ。完全失業者数は次のように計算できる。

完全失業者数＝（完全失業率×労働力人口）÷100

労働力人口は、15歳以上の労働する意思・能力を持つ人の数のことであり、約6000万人いると言われている。そこで、完全失業率を約2％とすると、完全失業者数を約120万人と算出できる。

次に、ニートの数はどのくらいであろうか。

内閣府によれば、15〜39歳だけで70万人以上いるとされている。完全失業者数（約120万人）には及ばないが、明らかに無視できる数ではない。

このように人数で比較するとわかりやすいだろう。「完全失業率」は失業状態にある人の**一部分の実態しか示していない嘘の数字**なのである。「完全失業率が2％台に回復した！」などと喜んではいられないのだ。

いじめの数は過去最多になった？

【嘘を見抜くポイント】増えすぎた数・減りすぎた数に注意しよう

■学校のいじめ、過去最多の54万件

文部科学省の「児童生徒の問題行動・不登校調査」（２０１８年度）によると、学校のいじめが年間54万３９３３件と過去最多だったそうだ。

インターネットやＳＮＳ（交流サイト）による誹謗・中傷などが「ネットいじめ」と言われて広まっているし、生徒同士だけでなく教員もいじめに加わるようになっていることがメディアで大きく報道されている。教師が教師に無理やり激辛カレーを食べさせるといった教員同士でのいじめが報道されたことも記憶に新しい。

「いじめは昔に比べて増加している」は間違いなさそうに感じられるが、実際はどうだろうか？

まず、文部科学省が公表しているいじめの認知件数の推移を見てみよう。

〈いじめの認知（発生）件数の推移〉

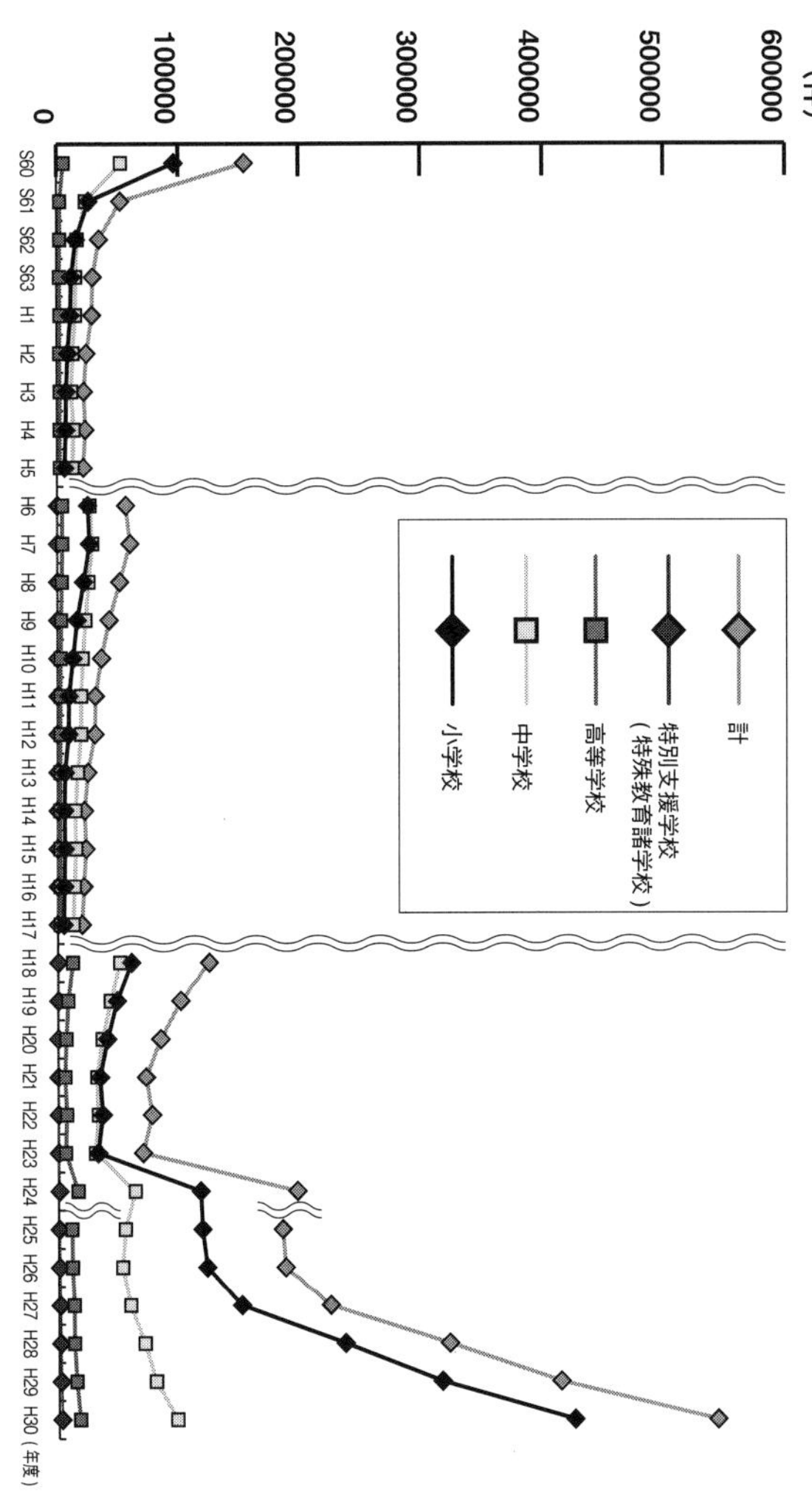

「平成30年度 児童生徒の問題行動・不登校等生徒指導上の諸課題に関する調査結果について」（文部科学省初等中等教育局児童生徒課）
(https://www.mext.go.jp/component/a_menu/education/detail/__icsFiles/afieldfile/2019/10/25/1412082-30.pdf) より作成

すると、平成6年、平成18年、平成24年に、いじめが急増していることがわかる。「不自然に増えている」と感じる人も多いだろう。

実は、この急増には2つの理由がある。

1つ目は、メディアで注目されるようないじめ事件が起こったため、各学校がいじめを注意深く調査し、きちんと文部科学省に報告したことである。

これは、普段から各学校でいじめの実態を十分に調査していなかったり、各学校でいじめを把握しても文部科学省に過少に報告していた可能性があることを示している。

つまり、文部科学省が発表している**「いじめの認知件数」というのは、実際に起こったいじめの数ではないし、学校が把握した数であるとも限らない**のである。

「54万3933件」という数字はほとんど信頼できない嘘の数字だと言って良いのだ。

■コロコロと変わるいじめの定義

2つ目は、文部科学省が**いじめの定義を変えた**ため、多めに数えられるようになったことである。事実、平成6年、平成18年、平成24年前後に定義を変えている。これにより、いじめの対象範囲が広くなったのだ。

〈いじめの定義の変遷〉

昭和61年度からの定義

①自分より弱い者に対して一方的に、
②身体的・心理的な攻撃を継続的に加え、
③相手が深刻な苦痛を感じているものであって、
学校としてその事実（関係児童生徒、いじめの内容等）を確認しているもの。なお、起こった場所は学校の内外を問わない。

▼

平成6年度からの定義

①自分より弱い者に対して**一方的に、**
②身体的・心理的な攻撃を**継続的**に加え、
③相手が**深刻な**苦痛を感じているもの、
なお、**個々の行為がいじめに当たるか否かの判断を表面的・形式的に行うことなく、いじめられた児童生徒の立場に立って行うこと。**

▼

平成18年度からの定義

個々の行為が「いじめ」に当たるか否かの判断は、表面的・形式的に行うことなく、いじめられた児童生徒の立場に立って行うものとする。

「いじめ」とは、「当該児童生徒が、一定の人間関係のある者から、心理的、物理的な攻撃を受けたことにより、精神的な苦痛を感じているもの。」とする。

なお、起こった場所は学校の内外を問わない。

▼

平成25年度からの定義

児童生徒に対して、当該児童生徒が在籍する学校に在籍している等当該児童生徒と一定の人的関係のある他の児童生徒が行う心理的又は物理的な影響を与える行為（インターネットを通じて行われるものも含む。）であって、当該行為の対象となった児童生徒が心身の苦痛を感じているもの。」とする。

なお、起こった場所は学校の内外を問わない。

「いじめ」の中には、犯罪行為として取り扱われるべきと認められ、早期に警察に相談することが重要なものや、児童生徒の生命、身体又は財産に重大な被害が生じるような、直ちに警察に通報することが必要なものが含まれる。これらについては、教育的な配慮や被害者の意向への配慮のうえで、早期に警察に相談・通報の上、警察と連携した対応を取ることが必要である。

出典：「いじめの定義の変遷」（文部科学省）を加工して作成

いじめが多いと言えるデータがあれば、文部科学省は、いじめ対策に関する事業や予算などを獲得することにより、組織を拡大し充実させることができる。また、いじめが少なくなったと言えるデータがあれば、文部科学省の成果を示すことができる。役所は、自分たちにとって都合のいいデータが得られるようにデータのとり方をコントロールしているのだ。

そして、そのせいで、いじめの定義がコロコロと変わり、昔のデータと比較できなくなってしまった。

例えば、最近のデータは、定義が異なるため、平成24年以前のデータと比較しても意味がない。いじめが昔に比べて増加しているかどうかはわからなくなってしまったのである。つまり、「過去最多」は嘘かもしれないのだ。**「過去最多」などと言って大きく増えた数をアピールするなど、不自然に変化した数には注意が必要**である。

■待機児童、2万人を下回る

一方、「待機児童、2万人を下回る」は、大きく減った数をアピールしているものだ。「待機児童」は、本来、保育施設に入りたくても入れない子どもの全てをカウントすべきである。しかし、厚生労働省の調査は、意図的に一部をカウントしないようにして、「待機児童」の数を減らしている。

カウントされないケースは、主に4つある。

1つ目は、自治体が関与している認可外施設や企業主導型の認可外施設を利用しているケースだ。認可施設を利用したくてもできなくて、仕方なく認可外施設を利用しながら待機している子どもであってもカウントされないことがあるのである。

2つ目は、保護者が育休中であり、復職意思が無いケースである。認可施設の利用を希望していないとみなされるからだ。

3つ目は、特定の保育所を希望するケースだ。「兄弟で同じ園に通園しないと、通勤に時間がかかってしまう」などはカウントされないことになる。

4つ目は、保護者が求職活動を休止しているケースである。「保育施設に預けられないために忙しく、求職活動している時間が無い」という場合でもカウントされないのである。

これらのケースは、「潜在的な待機児童」「隠れ待機児童」などと呼ばれており、6万人以上いると見込まれている。本来、このうちの相当数は「待機児童」としてカウントすべきだろう。

そんな中、厚生労働省は、2018年以降、「待機児童」は2万人を下回り、「待機児童ゼロ」に向けて順調であることをアピールしている。2001年に小泉政権が「待機児童ゼロ

〈待機児童数と潜在的待機児童数の推移〉

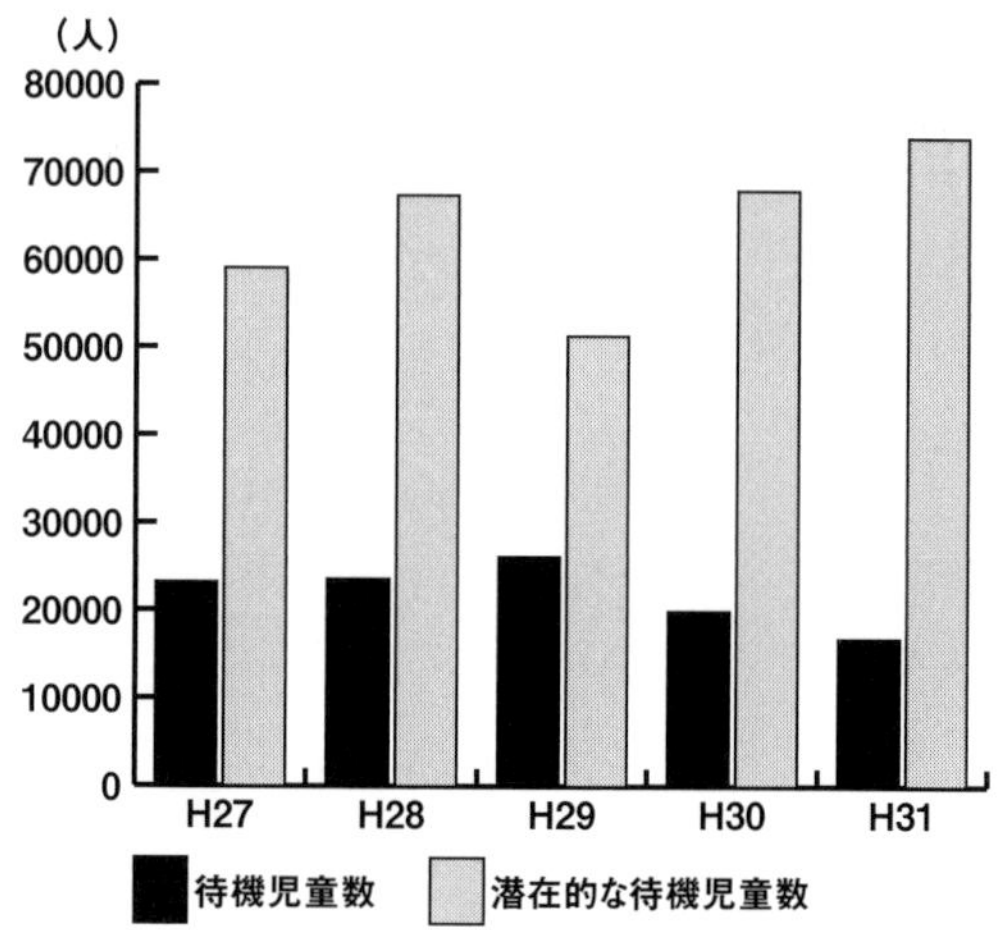

〈潜在的待機児童の内訳の推移〉

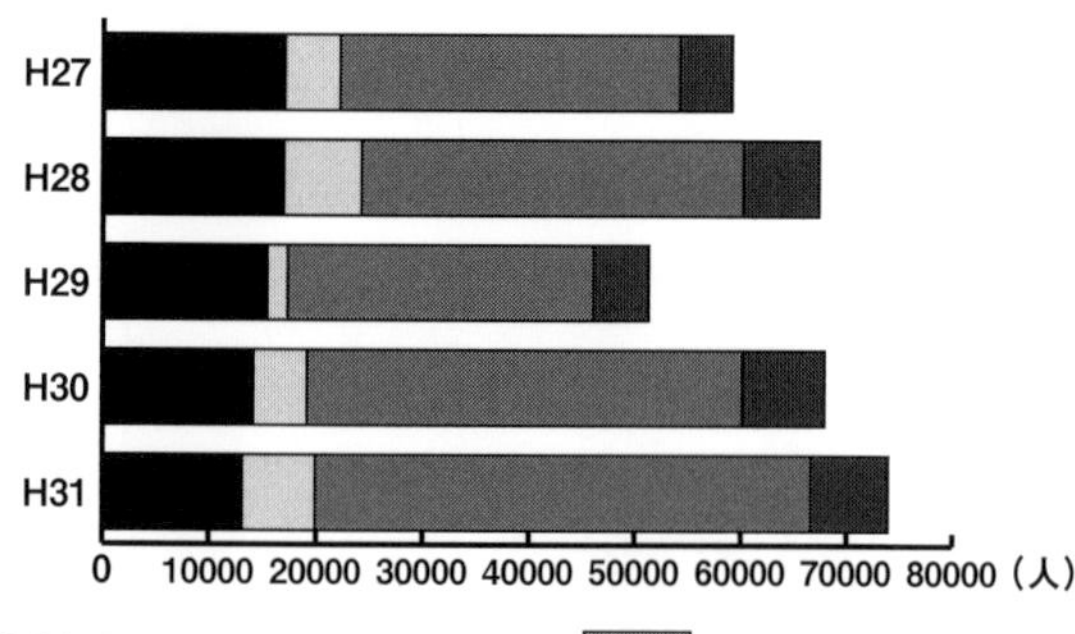

出典：「保育所等関連状況取りまとめ」（厚生労働省）より作成

作戦」を打ち出して以来およそ20年が経ち、そろそろ何としてでも成果を見せる必要があるのだ。

このように、**大きく増えた数と同様に、大きく減った数にも注意しなければならない。**

その背後には、自分たちにとって都合のいいデータが得られるようにデータのとり方をコントロールしている存在があるに違いないからだ。

1番危険な仕事は何?

【嘘を見抜くポイント】感覚を頼りにしてはいけない

■死傷事故が起きやすい仕事

「自分の感覚は正しい」と思っていないだろうか?　もし、そう思っているとしたら危険だ。なぜなら、自分の感覚は正しいとは限らないからだ。よく間違うものである。自分の感覚は嘘かもしれないのだ。

例えば、「死傷事故が起きやすい仕事」をご存知だろうか?

真っ先に思い浮かぶのは、「建設業」だろう。大きなトラックや珍しい機械が建設現場に出入りしているのを見かけることがあるし、大きな声や激しい音が聞こえてくることもある。なんとなく危険な作業をやっていそうである。

しかし、自分の感覚を頼りにしてはいけない。実際に調べてみよう。産業別の死傷事故の起こりやすさは、「産業別死傷年千人率」を見ればわかる。ここで、

〈産業別死傷年千人率（休業４日以上）の推移〉

（平成 24 年～平成 31 年 / 令和元年）

		H24	H25	H26	H27	H28	H29	H30	H31/R1
全産業		2.3	2.3	2.3	2.2	2.2	2.2	2.3	2.2
製造業	計	3.0	2.8	2.9	2.8	2.7	2.7	2.8	2.7
	食料品	6.2	6.0	5.9	5.7	5.7	5.8	5.8	5.7
	繊維・繊維製品	1.8	1.7	1.6	1.5	1.4	1.7	1.7	1.8
	木材・木製品	13.1	11.4	12.3	11.2	11.0	9.9	10.9	10.6
	家具・装備品	3.8	4.3	4.3	4.1	4.4	3.5	4.4	3.7
	パルプ・紙等	4.0	3.9	3.5	3.6	3.4	3.4	3.5	3.2
	印刷・製本業	1.5	1.4	1.5	1.4	1.2	1.3	1.4	1.3
	化学工業	1.7	1.6	1.6	1.5	1.5	1.6	1.7	1.5
	窯業・土石製品	5.0	4.9	4.7	4.4	4.5	4.0	3.9	4.2
	鉄鋼業	3.2	3.3	3.3	2.8	2.9	2.7	2.9	2.6
	非鉄金属	2.3	2.3	2.2	2.1	2.1	2.0	2.2	2.0
	金属製品	5.7	5.4	5.7	5.4	5.3	5.3	5.2	5.0
	一般機械器具	1.6	1.4	1.4	1.4	1.4	1.3	1.3	1.3
	電気機械器具	0.6	0.6	0.6	0.6	0.7	0.7	0.7	0.7
	輸送用機械	1.7	1.6	1.7	1.6	1.4	1.5	1.7	1.6
	電気・ガス・水道	0.5	0.4	0.5	0.5	0.4	0.5	0.6	0.5
鉱業		9.9	12.0	8.1	7.0	9.2	7.0	10.7	10.2
建設業		5.0	5.0	5.0	4.6	4.5	4.5	4.5	4.5
運輸業	計	6.3	6.3	6.4	6.3	6.3	6.5	6.8	6.5
	陸上貨物運送事業	8.4	8.3	8.4	8.2	8.2	8.4	8.9	8.5
林業		31.6	28.7	26.9	27.0	31.2	32.9	22.4	20.8
商業		1.9	1.8	1.8	1.8	1.8	1.8	2.0	1.9
金融業		0.8	0.7	0.8	0.7	0.7	0.8	0.7	0.7
通信・郵便業		4.5	3.8	3.6	3.2	3.6	3.7	3.8	3.6
教育研究業		0.3	0.3	0.3	0.3	0.3	0.4	0.4	0.4
保健衛生業		1.5	1.4	1.5	1.5	1.5	1.6	1.7	1.7
接客娯楽業		2.4	2.5	2.5	2.6	2.5	2.5	2.5	2.5
農業		5.7	5.4	5.2	5.2	5.1	4.9	5.2	5.2
漁業		15.0	9.9	6.3	8.0	8.9	8.1	7.4	7.3

出典：「労働災害統計　年千人率」（厚生労働省）より作成

年千人率＝1年間の死傷者数 ÷ 1年間の平均労働者数×1000

であるから、表の中の数値が大きいほど死傷事故は起きやすいということだ。

この表をみると、建設業は4・5程度と確かに危険な方ではあるが、もっと桁違いに危険な仕事があることがわかるだろう。

林業が30程度、木材・木製品の製造業が10程度となっているのだ。

一部を除けば、林材業（林業と木材・木製品の製造業）だけ、他の産業と比べて1桁違うのである。建設業などよりも、林材業の方が桁違いに危険な仕事だったのだ。

特に事故が多いのは、「間伐」の作業中であると言われる。「間伐」とは、木が密集し過ぎて不健康な木が育たないようにするため、適度に木を切ってまばらにすることをいう。木の枝葉が密集した中での作業のために視界や作業範囲が限られるなど、危険と隣り合わせなのである。

自分の感覚を頼りにしてはいけないのだ。「自分の感覚は嘘かもしれない」と考えるようにすることが大切である。「建設業」と「林材業」のように、**1桁も数字が違うのに、気づいていないことがありうるのである。印象や感覚にとらわれることなく、データをきちんと確認するようにしよう。**

■障害者と四つ葉のクローバー

このように、自分の感覚を頼りに数字を判断してしまうことはよくあることだ。

あなたも「四つ葉のクローバー」は知っているはずだ。3枚の葉のシロツメクサが突然変異したものである。公園などで探したことがあるだろう。

そこで、質問したい。全ての国民の中の「障害者」の割合と、全てのクローバーの中の「四つ葉のクローバー」の割合ではどちらが大きいだろうか？　考えてみよう。

「同じくらい」と思ったなら、それは間違っている。確かにどちらも少ないが、割合を比べると圧倒的に異なる。桁違いだ。

まず、全てのクローバーの中の「四つ葉のクローバー」の割合は、約1万分の1、つまり0・01％である。これは、約1・1m四方の面積にクローバーがあると、そのうち1つは「四つ葉のクローバー」があるということから計算された値である。

そして、全国民の中の「障害者」の割合は、約13分の1であることがわかっている。13人に1人は何らかの障害を持って生まれてくるということだ。障害者白書（令和元年版）によれば、複数の障害を併せ持つ者もいるため正確な値ではないが、国民のおよそ7・6％が何らかの障害を持っているという。

「障害者」と「四つ葉のクローバー」は、割合を比べると1000倍ほど＝3桁も違うのである。3桁も数が異なるものを「同じくらい」と間違えたのだ。

このような間違いの一因は、自分の感覚を頼りにしていたことにあるだろう。自分の周りに障害者がいないと「それほど障害者は多くないはず」と思い込んでしまうのだ。

「数字を何桁も勘違いしているようなことがあるかもしれない」と自覚し、日頃から様々なデータに目を向け、きちんと確認するようにしよう。

第2章

健康にまつわる数字の嘘

乳酸菌１００億個はすごい数？

【嘘を見抜くポイント】あたりまえの数字に注意しよう

■乳酸菌１００億個のヨーグルト

「乳酸菌１００億個」と書かれたヨーグルトなどが売れているそうだ。「１００億個なんてすごい量だ！　そんなに入っているなら健康に良いに違いない！」などと思っていないだろうか。

確かに、１００億個といえば1個０・３秒で数えても95年かかるほどの量である。人間にとっては、普通に生活している限り経験することができない数であろう。しかし、ヨーグルトなどにとっては違う。１００億個なんて普通の量だ。

そもそも、ヨーグルトなどを販売するには、国の定めた基準（発酵乳、乳製品乳酸菌飲料、乳酸菌飲料の成分規格）を満たす必要がある。つまり、十分な量の乳酸菌などが含まれていなければならない。製品の保存・品質保持などのためだ。

〈発酵乳、乳製品乳酸菌飲料、乳酸菌飲料の成分規格〉

種類		無脂乳固形分	乳酸菌数又は酵母数（1ml当たり）	大腸菌群
発酵乳 例:ヨーグルト	生菌	8.0% 以上	1000 万以上	陰性
	殺菌	8.0% 以上	–	陰性
乳製品乳酸菌飲料	生菌 例:ヤクルト	3.0% 以上	1000 万以上	陰性
	殺菌 例:カルピス	3.0% 以上	–	陰性
乳酸菌飲料		3.0% 未満	100 万以上	陰性

この基準を見ると、ヨーグルトは「発酵乳」にあたるため、1㎖あたり1000万個以上の乳酸菌などを含有している必要がある。

だから、市販の200gのヨーグルトの場合、1000万×200＝20億個以上の乳酸菌などが含まれている計算になる。

ヨーグルトにとっては、乳酸菌などが100億個近く入っているのはあたりまえのことなのだ。

「20億個と100億個では5倍も違うじゃないか」と思った人もいるかもしれないが、乳酸菌にとっては大した差ではない。乳酸菌は、急速に増殖するからである。よい環境であれば容易に増殖して、数時間以内で10倍以上になることがわかっている。

したがって、市販の200g程度のヨーグルトに、乳酸菌が20億個〜1000億個入っているのは普通のことだと考えて良い。「100億個」などという数に驚く必要はないのである。

一方、肝心の乳酸菌の効果についてだが、「お通じが改善した」「風邪の症状が軽くなった」などという感想が得られていることは事実だ。ただし、これらのほとんどは乳酸菌の短期的影響に関することに限られている。「寿命が延びた」などといった長期的な影響に関しては情報がまだまだ少ない。十分に解明されていないのである。

そもそも、今日の乳酸菌ブームは、「腸内フローラ」が注目されたことがきっかけであった。「腸内フローラ」は、人間の腸内細菌の構成図のことであり、これを改善することで健康状態が良くなると考えられているものである。

確かに、下痢や便秘といった症状の緩和に対する乳酸菌の効果は経験的に認められている。しかし、腸内フローラ自体に対する効果やメカニズムは十分には分かっていないのが現状だ。本当に効果があるかどうかは、時間をかけて慎重に見きわめていく必要があるのだ。

だから、「乳酸菌○○億個」などといったあたりまえの数字を示して、「すごい量でしょ？これだけ入っているんだから絶対に健康に良いですよ！」などというのは大嘘なのである。

■「プリン体ゼロ」のお酒

「プリン体ゼロ」も、一見、健康に良さそうである。ただし、これも多くのアルコール飲料にとっては普通のことだと言ってよい。他の食品と比べて、含まれているプリン体の量はもとも

〈アルコール飲料のプリン体〉

（mg／100mℓ）

種類	含有量
ビール（平均）	5.3
発泡酒（平均）	2.9
日本酒	1.2
ワイン	0.4
ブランデー	0.4
ウイスキー	0.1
焼酎	0

〈プリン体を多く含む食品〉

（mg／100g）

種類	含有量
ニボシ	746.1
カツオブシ	493.3
アンコウ肝	399.2
干し椎茸	379.5
鶏レバー	312.2
マイワシ干物	305.7
イサキ白子	305.5

出典：公益財団法人　痛風・尿酸財団（https://www.tufu.or.jp/gout/gout4/）より作成

と少ないものなのだ。

そのうえ、ゼロではないが１００mℓあたり１mg未満ととても少ないために、「プリン体ゼロ」と表示しているのである。

さらに、プリン体さえ摂らなければ尿酸値の上昇や痛風を抑えることができるかというと、そうではない。次のように、アルコールとつまみを飲食する限り避けられないことである。

①アルコールが肝臓で解毒される際、尿酸（と乳酸）をつくり出す。

②この乳酸は尿酸が排泄されるのを阻害する。

③アルコールの利尿作用により水分の排泄量は増加するが、尿酸は排泄されない。

④お酒に含まれるプリン体とプリン体が多く含まれるつまみを食べる。

「プリン体ゼロ」はアルコール飲料にとってあたりまえのようなことをわざわざ表示して、健康になれるかのように装っているのである。

■レタス○○個分の食物繊維

「レタス○○個分の食物繊維」も、健康食品であるかのように装った表示である。そもそもレタスは食物繊維がとても少ない野菜なのだ。「レタス○○個分の食物繊維」があるのは、多くの野菜にとってあたりまえのことなのである。

生活習慣病予防の観点から、成人では食物繊維を1日24g以上摂取することが理想とされている。そこで、レタスにより食物繊維の全てを摂取しようとすると、レタス1玉は約300g（食物繊維3・3g）のため、1日で7玉以上の量を食べなければならないことになる。

ちなみに、「食物繊維をたくさん摂れば健康にいい」というのは嘘である。

確かに、食物繊維の少ない欧米型の食事をする人よりも、食物繊維の多い伝統的な日本型の食事をする人の方が、大腸がんが少ないと言われている。これは、食物繊維は腸で吸収されないため、発がん物質を吸着して一緒に体外に排泄されるためである。

しかし、食物繊維の摂取量が多すぎると良くない。亜鉛や銅といった必須ミネラルまで吸着

〈野菜に含まれる食物繊維の量〉

（可食部　生 100g 当たり）

種類	含有量(g)
グリンピース	7.7
しそ(葉)	7.3
パセリ	6.8
ごぼう	5.7
とうがらし	5.7
あしたば	5.6
かんぴょう(ゆで)	5.3
えだまめ	5
オクラ	5
ブロッコリー	4.4
らっかせい	4
ケール	3.7
ししとう	3.6
西洋かぼちゃ	3.5
トウミョウ	3.3
しゅんぎく	3.2
みずな	3
カリフラワー	2.9
たけのこ	2.8
ほうれんそう	2.8
にら	2.7

種類	含有量(g)
クレソン	2.5
さやいんげん	2.4
くわい	2.4
にんじん(根、皮むき)	2.4
青ピーマン	2.3
なす	2.2
しょうが	2.1
みょうが	2.1
れんこん	2
こまつな	1.9
アスパラガス	1.8
キャベツ	1.8
たまねぎ	1.6
セロリ	1.5
だいこん(根、皮むき)	1.3
はくさい	1.3
りょくとうもやし	1.3
チンゲンサイ	1.2
きゅうり	1.1
レタス	1.1
トマト	1

出典：「日本食品標準成分表」（文部科学省）より作成

して体外に排泄されてしまう可能性があるからである。特に最近は、亜鉛不足によって味覚異常などが起きることが問題視されている。食物繊維が多いことを喜んでばかりはいられないのだ。

したがって、「レタス○○個分の食物繊維」を「すごい量だ！」と驚いたり、喜んだりするのは大きな勘違いなのである。

このように、あたりまえのことを、数字を利用してさもすごいことのように謳っている表示には気をつけたいものである。

野菜の1日の必要量は350g？

【嘘を見抜くポイント】どのような根拠のある数字であるか確認しよう

■野菜は1日に350g食べましょう

「野菜は1日に350g食べましょう」というフレーズは、誰でも一度は目にしたことがあるのではないだろうか？　最近では、コンビニやスーパー、テレビの情報番組や飲食店など至るところで言われるようになっている。

そんな中、「1日に野菜を何g食べているかなんて覚えていないよ」という人もいることだろう。恥ずかしがることはない。そんなあなたは賢明だ。そんな数字は忘れてしまって構わない。

なぜなら、どうでもいい数字である可能性が高いからだ。「野菜を1日に350g食べた方がいい」ことを示す科学的根拠は見当たらないのである。

よく考えてみれば、当然と言えば当然だろう。そもそも、野菜の種類によって、野菜に含まれている栄養成分は異なるものだ。

例えば、きゅうりには、100kcal（キロカロリー）あたり、カリウム＝1400mg（ナスの約1・4倍）、ビタミンK＝240μg（マイクログラム）（レタスとほぼ同等）、ビタミンC＝100mg（トマトの約1・26倍）、食物繊維＝7・9g（キャベツとほぼ同等）が含まれている。野菜の種類を無視して、とにかく350g食べなさいというのは不自然なのだ。

それに加え、年齢や健康状態などの個人差も考慮すべきだろう。子ども、お年寄り、健康な人、病人など、人によって必要量や必要な栄養素は違うはずだ。個人差を無視して、一律に350g食べなさいというのもおかしいのである。

■科学的根拠が無い数字

それでは、「1日あたり350g」はどのようにして決められたのだろうか？

これが明確な目標として示されたのは、2000年に厚生労働省から出された「21世紀における国民健康づくり運動（健康日本21）」であった。

厚生労働省は、具体的な計算方法を示していないが、実態は次のとおりであると推測される。

まず、基準となったのは、1997年の「国民栄養調査」だ。この調査の結果、成人の1日あたりの野菜の平均摂取量は292gだった。そして「健康になるためには、もっと野菜を食べた方がいい」ということで、292gのおよそ1・2倍（292×1・2＝350・4）を計算して350gとしたのである。

この1・2倍に科学的根拠は無い。 1・15倍や1・3倍などでもよかったのではないだろうか。これに関して、厚生労働省は、「健康になるためには、もっと野菜を食べた方がいい」のは、「循環器疾患やがんの予防のためには、カリウム、食物繊維、抗酸化ビタミンなどを摂取した方がいいから」と説明しているが、もしそうなら野菜でなくてもいいはずであるし、1・2倍の根拠にはならない。

このように、身の回りには科学的根拠が無い、いいかげんな数字が平然と存在し、使われている可能性があるので注意が必要である。

■1日分の野菜を使用したジュース

それにもかかわらず、スーパーやコンビニには必ずと言っていいほど「1日分の野菜を使用したジュース」なるものが売られている。常に売られ続けているところを見る限り、「1日分の野菜はしっかり食べておきたい」と思っている人が多いのだろう。

ただ、そうは思っていても、忙しくて料理をする時間が無いことがあるし、そもそも野菜を食べること自体が好きでない場合も多い。すると、「このままでは病気になるかもしれない」と不安になってくる。そして、つい、おいしくて手軽で体に良さそうな「1日分の野菜を使用したジュース」に手を出してしまうのである。

「野菜を1日350g食べる」が根拠のわからないデタラメである可能性が高いことを述べたが実は、この「1日分の野菜を使用したジュース」もデタラメかもしれない。

容器に記載された栄養成分に関する数値について、根拠がわからないことがあるからである。

例えば、「30種類の野菜350gを使用した」と称する野菜ジュースがある。

左の表のように、容器には栄養成分に関する数値が記載されているが、どうもおかしいのである。

なぜなら、その野菜ジュースと実際に野菜を食べた場合とでは、栄養成分の数値が大きく異なっていたからだ。

野菜ジュースと、30種類の野菜をそれぞれ11・7gずつ（350g÷30＝11・7gより計算）食べた場合とを比較してみると、ほとんどの成分について、野菜ジュースの容器に記載された数値に及ばなかったのである。特に、食物繊維、カルシウム、鉄は、実際の野菜の20％ほどしかないことがわかるだろう。

〈野菜ジュースと野菜に含まれる栄養素の比較〉

栄養素の種類	単位	ジュース200mℓあたり（容器記載値）	各野菜を11.7g（350g÷30種類）ずつ食べた場合	ジュースを飲んだ場合と野菜を食べた場合の比較（ジュース÷野菜）
エネルギー	kcal	66	124	0.53
たんぱく質	g	2.1	8.0	0.27
糖質	g	0	0.7	0.00
脂質	g	13.3	14.2	0.94
食物繊維	g	2.4	11.7	0.21
ナトリウム	mg	87	42	2.07
カルシウム	mg	53	256	0.21
カリウム	mg	820	1404	0.58
鉄	mg	0.7	4.0	0.18
マグネシウム	mg	34	85	0.40
亜鉛	mg	0.2～0.5	1.5	0.13～0.33
ビタミンE	mg	1.9	5.0	0.38
ビタミンK	μg	15	533	0.03
葉酸	μg	14～120	359	0.04～0.33
β－カロテン	mg	4.1～17.0	7.9	0.52～2.15

出典：「マスメディアや宣伝広告に惑わされない食生活教育」（群馬大学教育学部紀要 芸術・技術・体育・生活科学編 第48巻）（https://gair.media.gunma-u.ac.jp/dspace/bitstream/10087/7452/1/16_TAKAHASHI.pdf）を参考にして作成

メーカーによれば、「30種類の野菜350gを使用した」という表示は、30種類の野菜350gが単に使われているということを示したものであり、それだけの栄養成分が入っているということを保証しているものではないということであった。

それでは、30種類の野菜350gをどのように使用すれば容器に記載された栄養成分の数値になるのだろうか？　残念ながら、これについては明確な答えが得られなかった。

容器に記載された栄養成分に関する数値は、科学的根拠があるように思われがちだが、根拠がよくわからないことも多いのである。大嘘かもしれないのだ。**できる限り数字の根拠を確認するように心がけることで、デタラメに騙されないように気をつけよう。**

■水は1日に2ℓ飲みましょう

明らかに間違った根拠に基づく嘘の数字が存在する。

「水は1日に2ℓ飲みましょう」はその1つである。

確かに、人間は1日に2～2・5ℓの水分を摂取しなければいけないとされている。

しかし、平均的な食事をしていればそこから既に1ℓの水分を摂取しており、食べ物を分解する際に生じるエネルギーからも0・2ℓの水分を摂取しているのである。

つまり、飲料水から摂取する水分は、「2～2・5ℓ−1ℓ−0・2ℓ」より、0・8～

〈排出される水分と摂取する水分の内訳〉

1日の水分摂取量		1日の水分排出量	
飲料水	約800～1300mℓ	尿・便	約1600～1700mℓ
食べ物に含まれる水分	約1000～1100mℓ		
代謝水（食べ物がエネルギーになるときに生成される水分）	約200～300mℓ	汗など、生理的に失われる水分	約800～900mℓ
合計	約2000～2700mℓ	合計	約2400～2600mℓ

1・3ℓでよいのだ。

熱中症対策や健康な体づくりのために、こまめな水分補給を心がけることは悪くないが、普通に生活をするうえでは、「1日に2ℓの水」は飲み過ぎと言えるだろう。

水の飲み過ぎが体に悪影響を与えることはよく知られていることである。

例えば、緑内障になる可能性が高くなる。緑内障とは、視神経に障害が起こり、視野が狭くなる病気のことだ。

水を飲み過ぎて体の中の水分が増えると、目の水分も増え、眼圧が上がる。その結果、視神経を圧迫して傷つけることで、緑内障になる可能性が高まるということである。

「水は1日に2ℓ飲みましょう」は明らかに間違った根拠に基づく嘘の数字なのだ。

よく言われていることであっても安易に鵜呑みにせずに、できる限り数字の根拠を確認するように心がけよう。

効果が出やすいダイエットはどっち？

【嘘を見抜くポイント】どのような数字のばらつきがあるか確認しよう

■平均５cm痩せられるダイエット

「1か月で５cmウエストが細くなるストレッチ」、「瞬時に５cm痩せる下着」、「太ももが５cm細くなる食事術」……こんなダイエットの広告を最近よく目にするようになった。

このようなダイエット商品は、「平均○○cm痩せた！」「平均□□cm細くなった！」などとよく宣伝されているものである。

そして、「実際に体験した多くの人に効果が出ているのだから、あなたにも効果があるはずですよ」などと言ってダイエットに勧誘していることがあるが、注意が必要だ。

なぜなら、大嘘かもしれないからである。高額なダイエット商品を購入したのに全く効果が上がらない、といったことになるかもしれない。

しかし、安心してほしい。ダイエット商品の中から誰にでも効果が出やすいものを見きわめる方法があるのだ。

先ほど挙げた例では、どのダイエットも、「平均5㎝」痩せる、とのことだった。「平均5㎝」なのだから、同じような効果があると思ってしまいがちだが、実は違う。

もちろん、「平均5㎝」は、「平均値＝データの総和÷データの数」で計算されたという点では同じである。

では何が違うのか。データを細かく見てみよう。

今、ダイエットAとBがあったとする。これらのダイエットを実施した人が共に10人で、細くなった効果が「平均5㎝」だったとしよう。

このとき、「どのくらい細くなったか」について、全員分のデータを集めると上の表のようになっていることがわかった。

すると、同じ「平均5㎝」であっても、**ダイエットAとBでは数値のばらつき具合が異なるような感じがしないだろうか。**

〈2つのダイエットのデータ〉

	ダイエットA	ダイエットB
1人目	−1㎝	−3㎝
2人目	−1㎝	−3㎝
3人目	−2㎝	−3㎝
4人目	−3㎝	−4㎝
5人目	−3㎝	−5㎝
6人目	−7㎝	−5㎝
7人目	−7㎝	−6㎝
8人目	−8㎝	−7㎝
9人目	−9㎝	−7㎝
10人目	−9㎝	−7㎝
平均	−5㎝	−5㎝

〈ダイエットＡの標準偏差を求める計算式〉

$$\sqrt{\frac{(1-5)^2+(1-5)^2+(2-5)^2+(3-5)^2+(3-5)^2+(7-5)^2+(7-5)^2+(8-5)^2+(9-5)^2+(9-5)^2}{10-1}}$$

〈ダイエットＢの標準偏差を求める計算式〉

$$\sqrt{\frac{(3-5)^2+(3-5)^2+(3-5)^2+(4-5)^2+(5-5)^2+(5-5)^2+(6-5)^2+(7-5)^2+(7-5)^2+(7-5)^2}{10-1}}$$

■「数字のばらつき」を調べよう

それでは、「数値のばらつき具合」をきちんと評価してみよう。

その指標として、**「標準偏差」**（ひょうじゅんへんさ）がある。「標準偏差」の計算のしかたは次のとおりだ。

①各データから、平均値を引く。
②2乗して全て足し合わせる。
③「データ数－1」で割る。
④平方根を計算する。

実際の計算式は上記のようになる。これらを計算すると、ダイエットＡの標準偏差が３・３㎝である一方、ダイエットＢの標準偏差は１・７㎝となり、ダイエットＢよりもダイエットＡの方が数値のばらつき具合が大きいことがわかる。

〈数値のばらつき〉

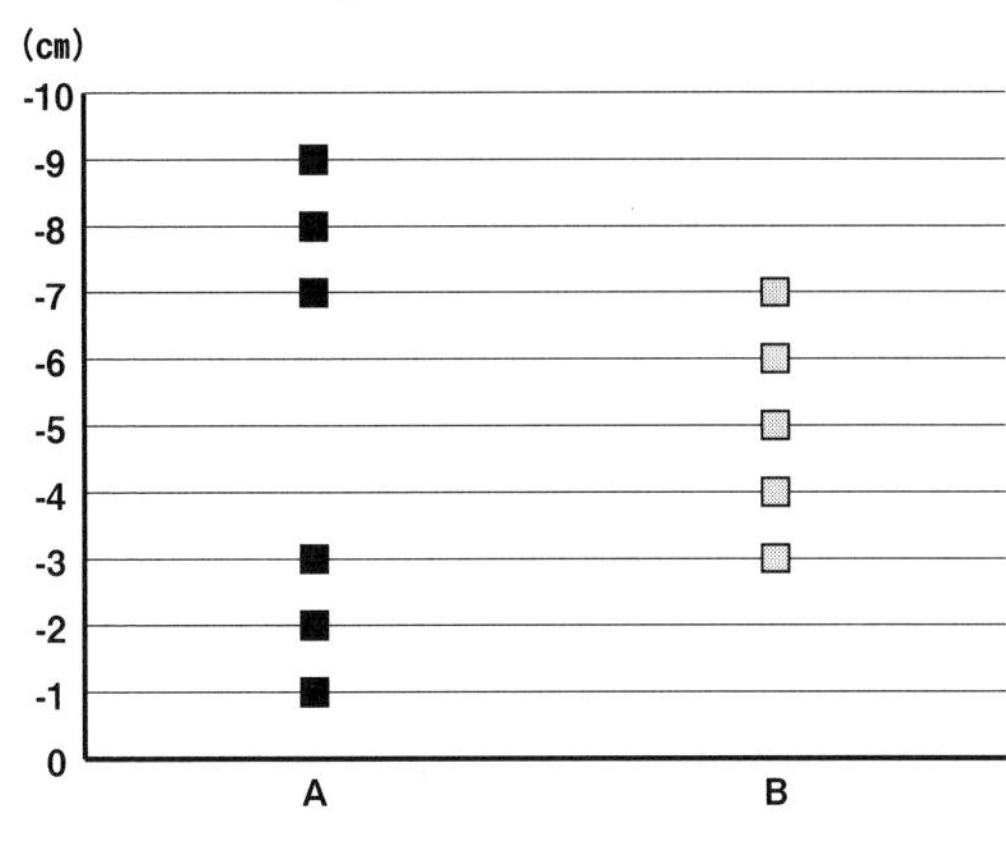

これより、ダイエットBよりもダイエットAの方が、効果の個人差が大きいことが推測できる。

さらに、これらのデータを図示してみよう。すると、数値のばらつき具合が一目瞭然だ。

ダイエットBでは、平均値の周辺にデータが集中していることがわかる。つまり、**個人差の影響が少なく、誰でも効果が出る可能性がある**。

一方、ダイエットAでは、平均値を中心にデータが上下に分かれていることがわかる。これは、**個人差の影響が大きく、効果が出る人と出ない人に分かれる可能性がある**と言えるだろう。

すなわち、数値のばらつき具合が異なることから、AとBは全く異なる効果のダイエットであることが推測できるのである。

「数字のばらつき」など、データをこまかく調べて、騙されないように気をつけよう。

■効果が2倍の育毛剤

「効果が2倍の育毛剤」にも気をつけた方がいいだろう。

今や、70％以上の男性が20～30代で薄毛の悩みに直面しているそうだ。

あなたもそのうち、一時期話題になった国会議員の秘書のように、「このハゲーーーーーッ！」などと罵られることになるかもしれない。秘書を罵倒した国会議員だったその女性は、最近コメンテーターなどとして活躍しはじめたし、私の厚生労働省の先輩にあたる人なのであまり悪いことは言えないが、他人の心の中はわからないものである。いつ、誰があなたの薄毛を非難するようになってもおかしくない。

そう考えたとき、「効果が2倍の育毛剤」は魅力的に見えるのではないだろうか。

しかし、ちょっと待ってもらいたい。「育毛剤」の効果はもともと個人差が大きいものである。薄毛の原因は、「頭皮」「ホルモン」「血行不良」「遺伝性」など人によって違うため、効果がある人と無い人に大きく分かれる傾向があるのだ。

これは、先ほどの「ダイエット」でいうと、「ダイエットA」のように効果を現す数値のばらつき具合が大きいということである。つまり、ほとんど効果が出ない人もいるのだ。ほとんど効果が出ていない人が「2倍の効果」があったとしてもたかが知れている。

「2倍の効果」は、「もともと髪の毛が0・00001㎜伸びるしか効果が出ていなかった人が、0・00002㎜伸びた」ということなのかもしれないのである。

このように、**効果に個人差などがある場合、「数字のばらつき」は大きい**ことを頭の中に入れておこう。

■「喜びの声が続々と」

「喜びの声が続々と」「愛用者の声」などという利用者からの実際の感想が掲載されている広告もよく見かけるものである。

これは、効果に個人差があり、「数字のばらつき」が大きいものの典型的なものだ。「よく効いた」「改善した」というプラスの意見・評価だけに消費者の目を向けさせようとしているのである。

「あまり効かなかった」「改善しなかった」というようなマイナスの意見・評価もあったはずである。もしかすると、そのようなデータは隠されているかもしれない。**「他のデータはなかったのだろうか」と疑うことが大事**である。

「数字のばらつき」が大きい場合、都合の悪いデータは隠されているかもしれないので気をつけよう。

モルヒネ1㎎は何㎖？

【嘘を見抜くポイント】どのような単位の数字であるか確認しよう

■医療事故につながったミス

数字を間違うと、医療事故にもつながることがある。

近年、心臓手術の際、痛み止めのモルヒネの量を誤って投与して、患者が死亡した事故があった。通常「1㎎」を投与するところを、誤って「1㎖」投与したという。

もし、「何が悪いの？」と思ったとしたら、危険だ。事故を起こさないようにしっかり勉強しておいた方がいい。

投与したモルヒネは、1㎖＝1㎎ではない。1㎖＝10㎎だ。つまり、通常の10倍もの量を誤って投与してしまったということである。

「㎖」と「㎎」は似ているが、全く異なる単位だ。だから、そもそも**1㎖＝1㎎とは限らない**。例えば、水は、1㎖＝1000㎎、ガソリンは1㎖＝783㎎、水銀は1㎖＝

1万3534mgである。それぞれ同じものであるが、「mℓ」から「mg」へと単位を変えれば、全く違う数字になるのだ。

このように、単位を変えることによって、数字を変えることを**「単位換算」**という。「mℓ」から「mg」に単位を変えるためには、「mℓ」に「密度」の数値をかけなければならない。「密度」は、物質の種類や状態などによって異なるので、その都度確認が必要である。一方、次のページ図のように、簡単な「単位換算」も存在する。このようなものは覚えておこう。

■除菌剤500ppm

「ppm（ピーピーエム）」は、除菌剤や消毒液などに表記されているのを目にしたことがある人は多いだろうが、馴染みの薄い単位に違いない。

すると、「こんな単位は専門家にしかわからないよ」と言う人がいるが、それは嘘である。なぜなら、よく知っている単位に簡単に変換できるからだ。1ppm＝0・0001％である。だから、「ppm」に0・0001をかけることで、「ppm」から「％」というお馴染みの単位に変換できる。例えば、500ppm＝0・05％となるのである。

これでぐっとわかりやすくなっただろう。つまり、「ppm」は、「mg」や「ℓ」などの量ではなく、割合（濃度）を表した単位なのである。

〈単位換算表〉

「長さ」の単位

1 km（キロメートル）＝1000m（メートル）

1 m（メートル）＝100cm（センチメートル）

1 cm（センチメートル）＝10mm（ミリメートル）

1 mm（ミリメートル）

「重さ」の単位

1 t（トン）＝1000kg（キログラム）

1 kg（キログラム）＝1000g（グラム）

1 g（グラム）＝1000mg（ミリグラム）

1 mg（ミリグラム）

「面積」の単位

1 km^2（平方キロメートル）＝100ha（ヘクタール）

1 ha（ヘクタール）＝100a（アール）

1 a（アール）＝100m^2（平方メートル）

1 cm^2（平方センチメートル）

「かさ（体積）」の単位

1 kL（キロリットル）＝1000L（リットル）

1 L（リットル）＝10dL（デシリットル）＝1000mL（ミリリットル）

1 dL（デシリットル）＝100mL（ミリリットル）

1 mL（ミリリットル）（1 cc（シーシー））

「体積」と「容積」

1 m^3（立方メートル）＝1000L（リットル）

1000cm^3（立方センチメートル）＝1 L（リットル）

1cm^3（立方センチメートル）＝1 mL（ミリリットル）

「容積」の単位

1 m^3（立方メートル）＝1000000cm^3（立方センチメートル）

1 cm^3（立方センチメートル）

例えば、除菌剤1kgの中に次亜塩素酸1mgが含まれているとき、1kg＝100万mgなので、1mg÷100万mg＝0・000001より、濃度は1ppmとなる。

よく、「1ppm＝1mg／ℓ」という説明を見かけるが、正しいとは限らないので注意が必要だ。「1ppm＝1mg／kg」は、割合を表しているので常に正しい。しかし、「1ppm＝1mg／ℓ」は、1ℓ＝1kgのときに限り正しいのである。

次亜塩素酸の含まれた除菌剤などの水溶液については、1ℓ＝1kg、「1ppm＝1mg／ℓ」と近似してよいだろう。このように、単位を変えられるようにしておくと何かと便利である。

■40dBの静けさ

「dB（デシベル）」も馴染みの薄い単位に違いない。これは、人間が「うるさい」と感じる音などの大きさを表した単位だ。

例えば、次のページの表のように、「40dB」は「図書館内の騒音の大きさ」に相当する。これは覚えるしかない。このような単位は、身近なものをイメージして覚えていこう。

ちなみに、「40dBの静けさ」などと静かな空間を謳っているホテルや映画館などがあるが、嘘かもしれないので注意が必要である。「40dB」は、市販の騒音計などで簡単に測定できるが、

〈騒音のレベル〉

	120dB	飛行機のエンジンの近く
聴覚機能に障害	110dB	自動車の警笛
	100dB	電車通過時のガード下
極めてうるさい	90dB	建設工事現場 バスの車内
	80dB	騒々しい街頭
うるさい	70dB	電話のベルの音 静かな街頭
	60dB	普通の会話
日常的な騒音	50dB	静かな昼の住宅地
	40dB	図書館内
静か	30dB	ささやき声 深夜の郊外の住宅地
	20dB	木の葉の触れ合う音
極めて静か	10dB	呼吸の音
	0dB	聞こえる限界

全ての高さの音が測定されておらず、本当に静かな空間とは言えないことがあるからだ。

特に、「低周波音」がきちんと測定されていないことが多い。「低周波音」とは、100Hz（ヘルツ）以下というとても低い音のことである。これは、普通の話し声よりも1オクターブ以上低い音に相当すると考えてよい。工事現場・実験室の近くや、車・電車が通ったときに発生する家具・窓などのがたつき、エンジンの「ドッドッドッ」という音など、身の回りに溢れているものだ。

「低周波音」は、人間が「うるさい」と感じる音でなくても、人間に多くの悪影響を与えることがわかっている。それは、イライラしたり、集中できなくなったり、気分が悪くなるといった不快感、つまり「心理的影響」である。また、不安や恐怖、寒気などの「霊現象」も低周波音が原因だと言われている。

そんな厄介な「低周波音」であるが、特別な事情が無い限り、測定されないことが多い。だから、「40dBの静けさ」だからといって安心はできないのだ。

「dB」などの単位をきちんと理解して、騙されないように気をつけよう。

新型コロナウイルスって本当に危険なの？

【嘘を見抜くポイント】1つの数字にとらわれてはいけない

■体温37・5℃

２０２０年は、新型コロナウイルス感染症の流行により、多くの人が「体温37・５℃」という数字にとらわれることとなった。厚生労働省が、当初、新型コロナウイルスの感染を疑う目安を「37・５℃以上の発熱が続いた場合」などとしたためだ。

これにより、至るところで体温が測定されるようになった。ご飯を食べた後に測ったら37・５℃近くであることを知って、はらはらした経験のある人もいるだろう。

しかし、「37・５℃」という1つの数字には絶対にとらわれてはいけない。平熱は個人差が大きく、35℃台の人もいれば37℃台前半の人もいるのである。

日本人の平均体温は36・89℃ほどとされているが、がん患者や肥満の人は高く、１日の中では日中、季節の中では暑い時期に高くなることがわかっている。

〈1日の体温変化（例）〉

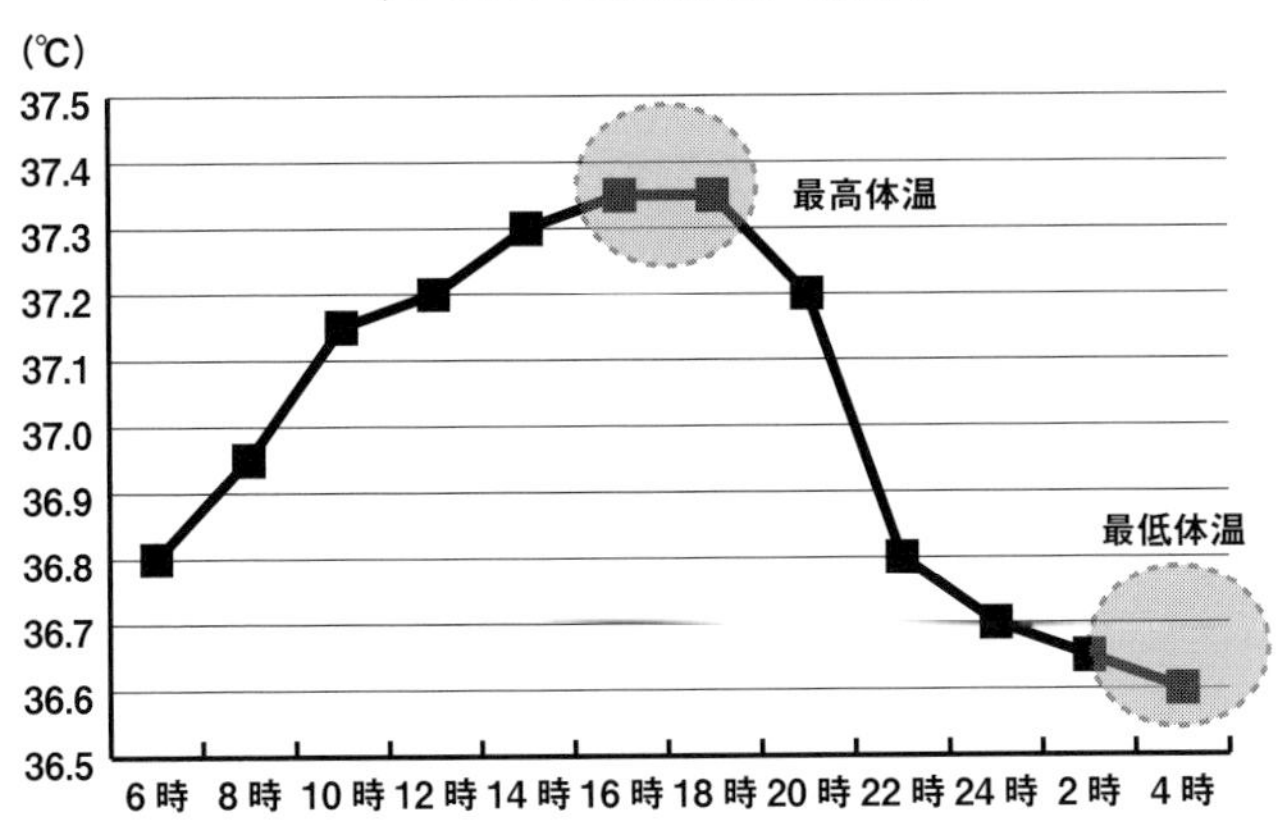

したがって、大きな発熱でなくても、もともと平熱が高い人は容易に37・5℃ほどになってしまうだろう。「37・5℃」という体温ばかり見ていても体の異常を察知できるとは限らないのだ。

それではどうすればよいか。厚生労働省は「息苦しさや強いだるさ、高熱」に注意するよう呼びかけているが、他にも、血中酸素濃度を確かめるという手がある。肺炎などにかかると、空気中の酸素を十分に血中に取り込めなくなるので、血中酸素濃度が低下するのである。新型コロナウイルスに感染しているか否かの判定はできないが、新型肺炎などの呼吸器系疾患を疑う目安にはなるだろう。

血中酸素濃度を確かめるためには「パルスオキシメーター」という医療機器を用いる。

これは、具体的には、血液中の赤血球に含まれるヘモグロビンの何％が酸素と結合しているか（「酸素飽和度（ＳｐＯ２）」という）を測定するものである。

酸素飽和度の標準値は96～99％だ。90％以下の場合は呼吸不全の可能性が高い。

ちなみに、指を挟み込むだけで簡単に測定できるが、注意が必要である。光を透過させて測定するしくみになっているので、マニキュアなどがあると光の透過が邪魔されてしまい正しい数値が得られないことがあるからだ。

急に体調が悪くなり救急搬送されたときに測定できないと命に関わるかもしれない。そうならないようにするためにも日頃から測定できることを確認しておいた方がいいだろう。

このように、体温が「37・5℃」未満であるだけでなく、酸素飽和度が「96～99％」であることも確認しておきたいものだ。

巷では、「体温さえ測っておけばいい」と言われていることがあるが、それは嘘なのである。

1つの数字にとらわれてはいけないのだ。

■新型コロナウイルスの感染者数

「新型コロナウイルスの感染者数」も注目を集めた数字だ。あなたもこの数字にとらわれていないだろうか？　ニュースや情報番組などで耳にするたびにいつも嫌な気分になる人もいるだろう。

　そういう時は他の数字も見てみよう。他の数字も見てみると、気分は変わるものである。

　２０２０年のインフルエンザウイルスの感染者数を見てみるといい。（Ｐ78）それ以前と比較すると30％以上減っているとみることができるだろう。

　これほど減った原因は何だろうか？

　手洗いやマスクなど、新型コロナウイルス感染予防対策が功を奏したという説があるが、感染予防対策が本格的に始まったのは1月末頃である。一方、グラフのとおり、1月上旬からインフルエンザの流行は既に収まり始めたことがわかる。したがって、感染予防対策が要因とまでは言えないだろう。

　それでは何が原因だろうか？　有力な説の１つは、新型コロナウイルスに感染したためにインフルエンザウイルスに感染しにくくなった、ということである。似たようなことは既にみられているからだ。

　英国グラスゴー大学らの研究によると、一般的な風邪の原因であるライノウイルスに感染している場合、A型インフルエンザウイルスには感染しにくいという。これは、ウイルス同士で感染する細胞の奪い合いをしていると考えられている。

　新型コロナウイルスのおかげで、インフルエンザにかかりにくくなっている可能性があるのだ。

〈インフルエンザの推定患者数〉

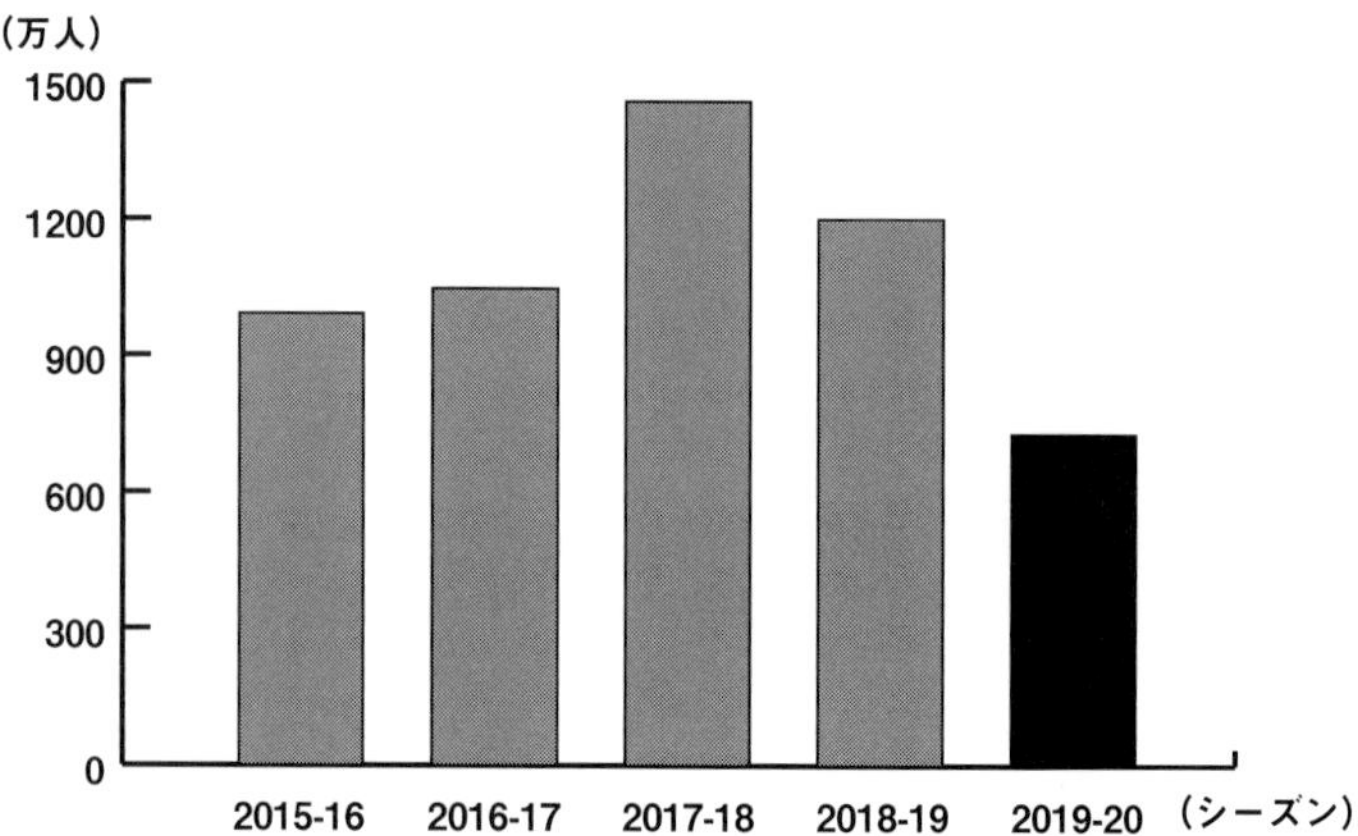

〈インフルエンザの定点当たりの報告数推移〉

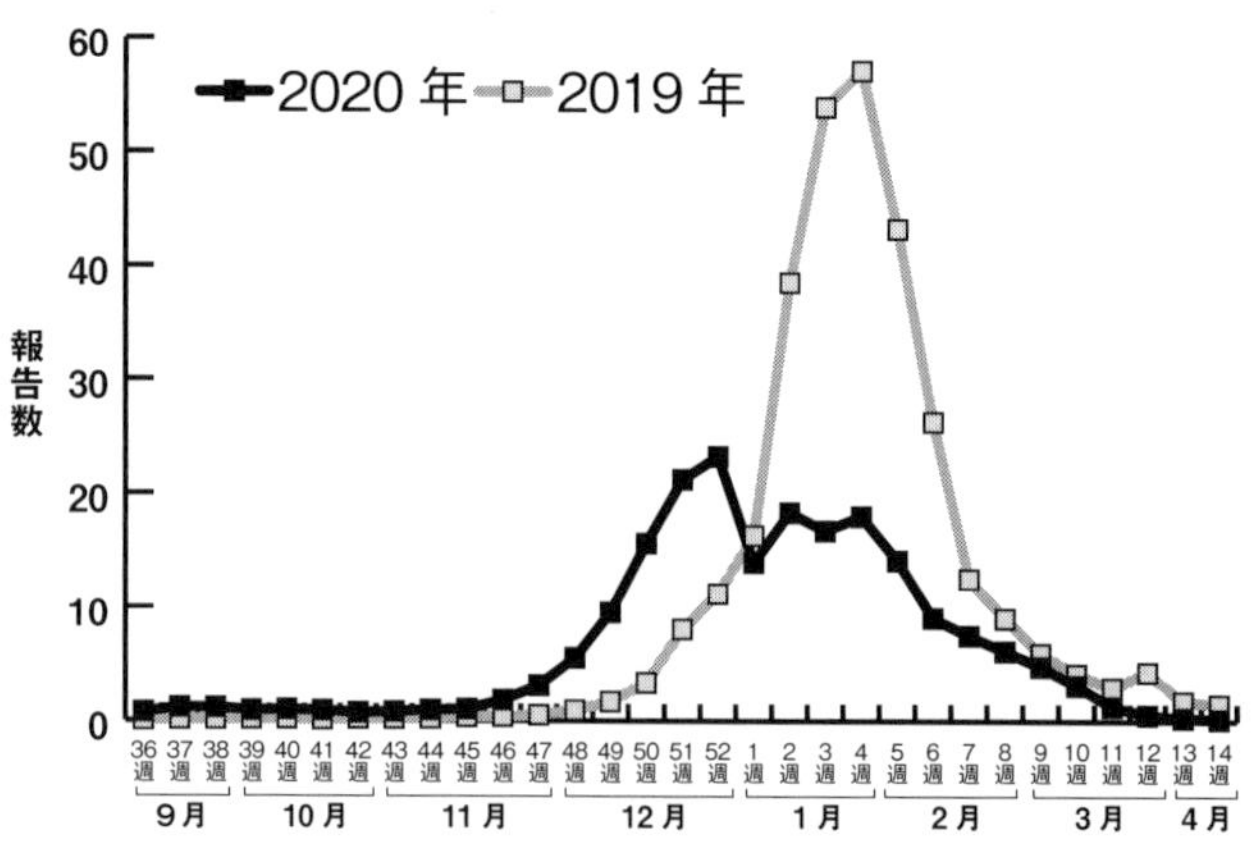

出典：「インフルエンザに関する報道発表資料」（厚生労働省）より作成

新型コロナウイルス関連の数字ばかり気にするのではなく、インフルエンザにかかりにくい状況になっていると考えれば、少しは落ち着くのではなかろうか。

他の数字にも目を向け、不安になり過ぎず冷静になって考えることが大切である。

■新型コロナウイルスは薬なのか？

新型コロナウイルスは、感染した人の多くが無症状であるのが特徴である。

医学誌『ＢＭＪ』の報告によれば約78％、米国コロンビア大学メディカルセンターなどによれば約88％がそうであるというので、感染者の80％ほどは無症状者と言えるだろう。

「新型コロナウイルスに感染すれば、80％の人はインフルエンザにかかりにくくなり、何も症状は出ない。症状が出るのは残りの20％の人である」

とすると、新型コロナウイルスは、インフルエンザにかかりにくくするための「薬」だと考えることができるのではないだろうか。80％の人には効果があるが、20％の人には副作用がある薬である。

新型コロナウイルスに不安を感じ過ぎるのは問題であるが、このような考えに至るのはさすがに楽観的すぎる。

〈インフルエンザと新型コロナの比較〉

	感染者数	患者数	致死率	死亡者数
インフルエンザ	1000万人	800万人	0.1％	0.8万人
新型コロナ	1000万人	200万人	1％	2万人

これは、実際に計算して、数字を見てみればわかることだ。

まず、インフルエンザについてである。

毎年、日本国内で約1000万人が感染し、約0・8～1万人が死亡している。

なお、『Emerging Infectious Disease』誌で、感染した人の19・1％が無症状と概算していることなどから、感染者の20％ほどが無症状であると仮定した。

次に、約1000万人がインフルエンザウイルスに感染するかわりに、新型コロナウイルスに感染したらどうなるだろうか。

致死率が1％だとすると、約2万人が死亡する計算になるのである。これは、インフルエンザによる死亡者数の2倍以上だ。とても楽観視できる数字ではないだろう。やはり薬と考えるのは無理がある。

新型コロナウイルス関連の数字にばかりとらわれてはいけないのだ。1つの数字にとらわれて一喜一憂するのではなく、**様々なデータを比較・検討して冷静になって考えていくことが大切**である。

■金の偽物に騙されない方法

最後に、1つの数字にとらわれて騙された例を紹介しよう。

数年前に、偽物の金の延べ棒を質入れし、約600万円を詐取した事件が起きた。

金（ゴールド）は、人気の高い貴金属だ。ネックレスや指輪のようなアクセサリーとしてだけではなく、安定的な価値を誇る資産としても有名である。そのため、外見だけが似ている偽物の数が増加している。最も典型的な偽物は、金の代わりにタングステンという金属を使ったものである。

タングステンという金属は、釣りのおもりや工作工具、電球など身の回りによく使われているものだ。金の偽物は、そんなタングステンを薄い金で包んだものである。外見だけは金、ということだ。この事件でも偽物の金の延べ棒の材料にはタングステンが使われていた。

金とタングステンを見分けるのは難しい。これらは大きさが同じだと、重さはほとんど変わらないからだ。密度（体積1㎤あたりの重さ）が同程度であるため、重さでは区別ができないのである。だから、重さ（密度）を調べるだけでは、金と金の偽物であるタングステンを見分けることは難しい。

これは、重さ（密度）という1つの数字だけで判断すると騙されるということである。

それではどうすべきか。もう1つの数字にも着目してみよう。

〈金とタングステンの比較〉

	密度	音速
金	19.3g／ｃｍ³	3240ｍ／ｓ
タングステン	19.2g／ｃｍ³	5410ｍ／ｓ

もう1つの数字とは、「音速（音が物質中を伝わるときの速さ）」である。

上の表を見ていただきたい。

金とタングステンでは、音速の値が1・7倍ほど異なるのである。

これは、簡単に言うと、「金とタングステンでは、音の通りやすさが大きく異なる」ということだ。だから、金とタングステンは、重さ（密度）で見分けることは難しいが、音の通りやすさで見分けることができる。

ちなみに、病院の健康診断などで実施されている「超音波検査」は、お腹の中の胎児などが健康であるか否かを、音の通りやすさで見分けるものである。

偽物などを見分けるためにも、1つの数字にとらわれず、色々な数字で確認するようにしよう。

第3章

お金にまつわる数字の嘘

消費税よりもずっと重い税金って何？

【嘘を見抜くポイント】見逃している数字がないか確認しよう

■消費税10％

2019年10月から「消費税10％」になった。それ以降、巷では「消費税を下げろ！」のオンパレードである。

しかし、このように消費税にばかり注目して、消費税の問題を解決すれば全て解決するかのようなマスコミの報道を信じてはいけない。なぜなら、大嘘だからである。詳しいことはこれから説明するので、必ず知っておいていただきたい。

まず、消費税がどれほど負担になっているか確認しておこう。

総務省の「全国消費実態調査」によると、年収300〜350万円の単身者の場合、1か月あたりの家計支出は平均18万円ほどである。住宅や医療などには消費税はかからないので、消費税がかかるのは、18万円の支出のうち12万円分ほどであると言えるだろう。よって、実際に払っている消費税は、1か月あたり1・2万円、1年間で15万円ほどということになる。15万円と聞くと、確かにかなり大きな金額だ。ところが、もっと大きな金額の徴収が、「消費税増税」の裏で行われていることをご存じだろうか?

それは、「控除」というものである。

「給与明細」を思い出してほしい。支給額がそのまま給料になっているのではなく、支給額から一定金額を引かれたものが手取り給料になっていたはずである。

給与明細の中で、「控除」の項目に書かれているのが、従業員に給料を支払う前に、会社が支給額の一部を引いて納めているお金である。つまり、自分の財布の中に入る前に払われているお金である。

実際の金額を見ていくと、それは決して小さな金額ではないことがわかってくるはずだ。自分の財布の中から払うお金である消費税にばかり注目して、こちらの方を見逃している人は多いに違いない。それでは、給与明細を少し詳しく見ていこう。

■消費税よりもずっと重い税金がある

年収300〜400万円の典型的な会社員の給与明細を見てみよう。

給与明細の「控除」の項目についてである。

〈給与明細の例〉

（40 歳以下の独身者の場合）

支給	
基本給	240,000
超過勤務手当	30,000
役職手当	10,000
住宅手当	10,000
支給額合計	290,000

控除		
社会保険	健康保険（C）	14,805
	介護保険（D）	0
	厚生年金（E）	27,450
	雇用保険（F）	870
社会保険合計		43,125
税金	所得税（A）	6,420
	住民税（B）	11,737
税金合計		18,157
控除合計		61,282

まず、（A）所得税は、年収が高い人ほどたくさん納める（累進課税制度という）ものであり、（B）住民税は、前年の収入をもとに住所地の市区町村に決められた金額を納めるものである。合計約1万8000円。これだけですでに消費税は超えている。

次に、社会保険料を見てみよう。

社会保険料とは、（C）健康保険、（D）介護保険、（E）厚生年金、（F）雇用保険の総称である。（C）健康保険は、病気・けがの治療・薬にかかる医療費の負担を軽くするためのものである。（D）介護保険は、寝たきりや認知症などになったときに介護サービスを受けるためにある（40歳以上に限る）。（E）厚生年金は、定年退職後などにお金を受け取るためのものだ。そして、（F）雇用保険は、失業した時に生活資金などを受け取るためにに支払うものである。

社会保険料として実際に支払っている金額も見てみよう。社会保険料だけで1か月あたり4万円ほどにもなることがわかるだろう。これは消費税の3倍以上である。

ただし、それだけではない。

ボーナスが出ると、ボーナスからも社会保険料は支払われることになるのだ。仮にボーナスが60万円の場合、社会保険料は8万円ほどにもなるのである。

つまり、年収300〜400万円の典型的な会社員は、社会保険料として年間56万円、消費税の3倍以上の金額を支払っているのだ。なんと大きな金額であろうか。

■社会保険料は上がり続けている

そもそも、社会保険料は、その名のとおり、「保険」である。だから、支払ったお金が戻ってくるとは限らない。得をするのは、長生きをする人など一部に限られるものだ。それなのに、日本国民には、社会保険料を支払わない自由は無い。多くの人にとって、社会保険料は「税金」と同じようなものなのだ。

その社会保険料は、ただでさえ重い「税金」であるが、「消費税増税」の裏で、年々上がり続けていることをご存知だろうか。例えば、健康保険料（組合健保）は12年連続の上昇であ

〈1人当たり年間保険料負担および平均保険料率の推移〉

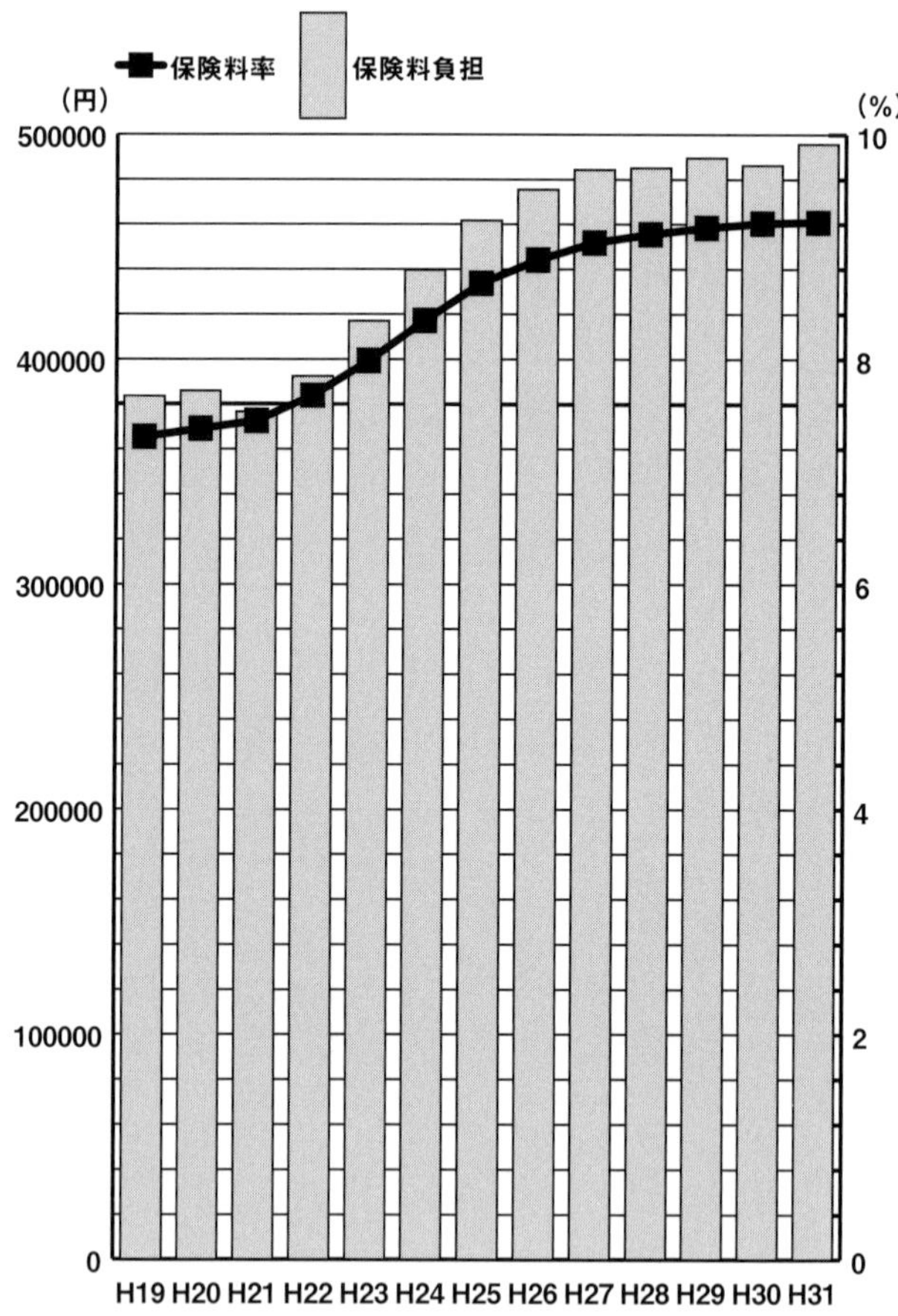

出典：「被保険者1人当たり保険料負担額と拠出金の負担状況」（健康保険組合連合会）より作成

る。10年前と比べて、年間10万円も保険料が上がったのだ。

このままでは、今後、どんどん給料が減らされていく可能性が高いと言えるだろう。

これに歯止めをかけるには、まず、多くの人がこのことに気づくことが必要だ。

マスコミの嘘に惑わされて、消費税ばかりに注目していなかっただろうか。消費税ばかりに注目していてはいけないのである。自分の財布の中ばかりに目を奪われるのではなく、給与明細に書かれた数字をきちんと確認することが大事なのだ。

「消費税10％」のように、**みんなが注目する数字があったときには、「自分も注目しよう」とするだけでなく、「何か大事なことを見逃していないか」と注意して確認するように心がけよう。**

1世帯の貯蓄は平均1752万円？

【嘘を見抜くポイント】「グラフ」を正しく評価しよう

■高すぎる平均貯蓄額

総務省の「家計調査」によると、「1世帯の貯蓄、平均1752万円」（2018年）だったそうだ。「実感と違う」と感じないだろうか。私はそう感じるし、多くの人もそうだろう。「なぜ実感と異なるか」、その答えを知るために役立つのが「グラフ」である。「グラフ」は、大量の全データを一目で見ることができるとても便利なものだからだ。

それでは、実際に見てみよう。

すると、「100万円未満」が最も多く、右肩下がりの歪んだ形のグラフになっている。このような形になっているということは、**「平均値は、実感よりも高めになる」**と考えてよい。

というのも、「平均値」は、

〈貯蓄現在高階級別世帯分布 ― 2018 年―〉

(二人以上の世帯)

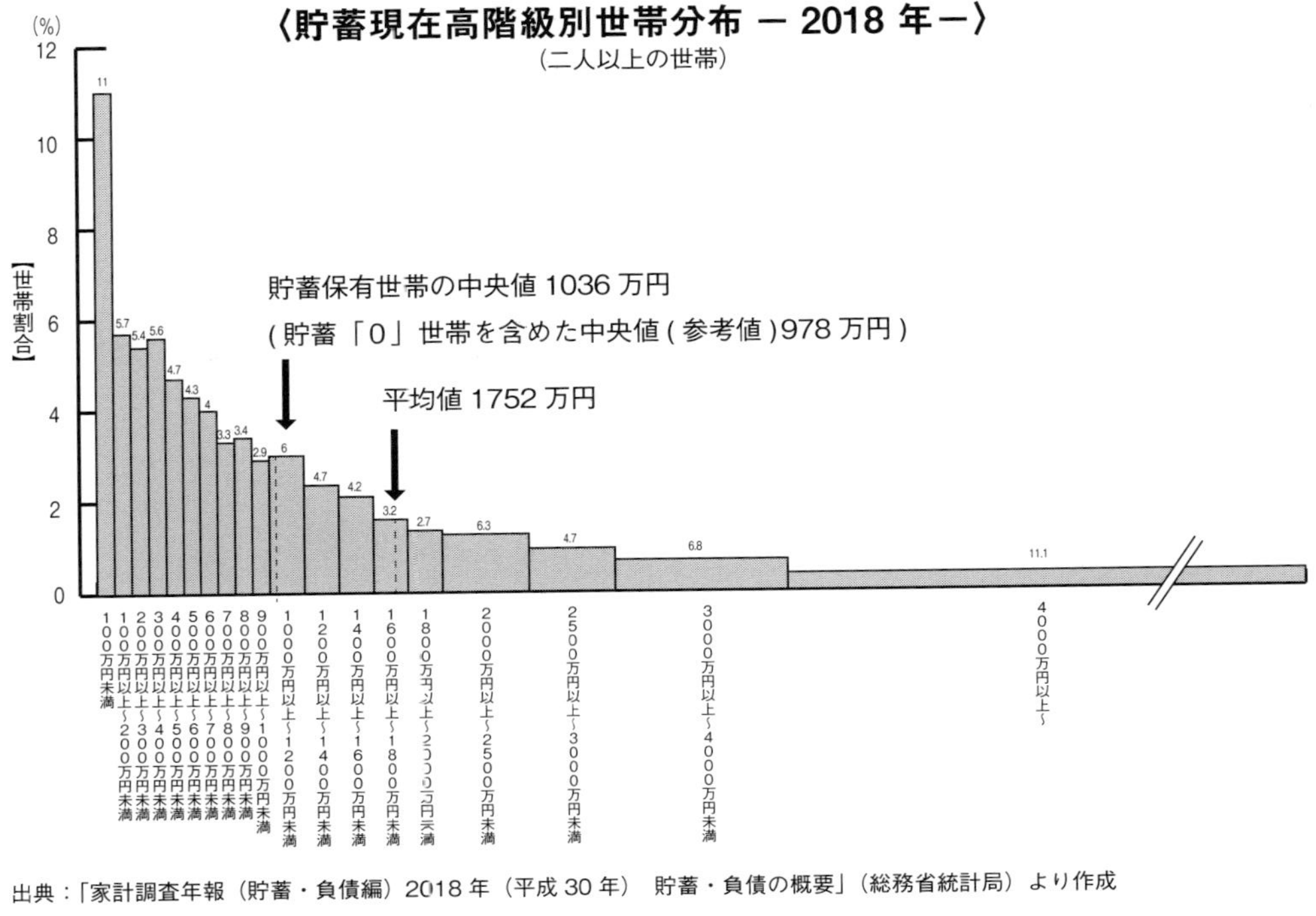

出典：「家計調査年報（貯蓄・負債編）2018 年（平成 30 年） 貯蓄・負債の概要」（総務省統計局）より作成

〈貯蓄額99人は0円、1人は10億円の村のグラフ〉

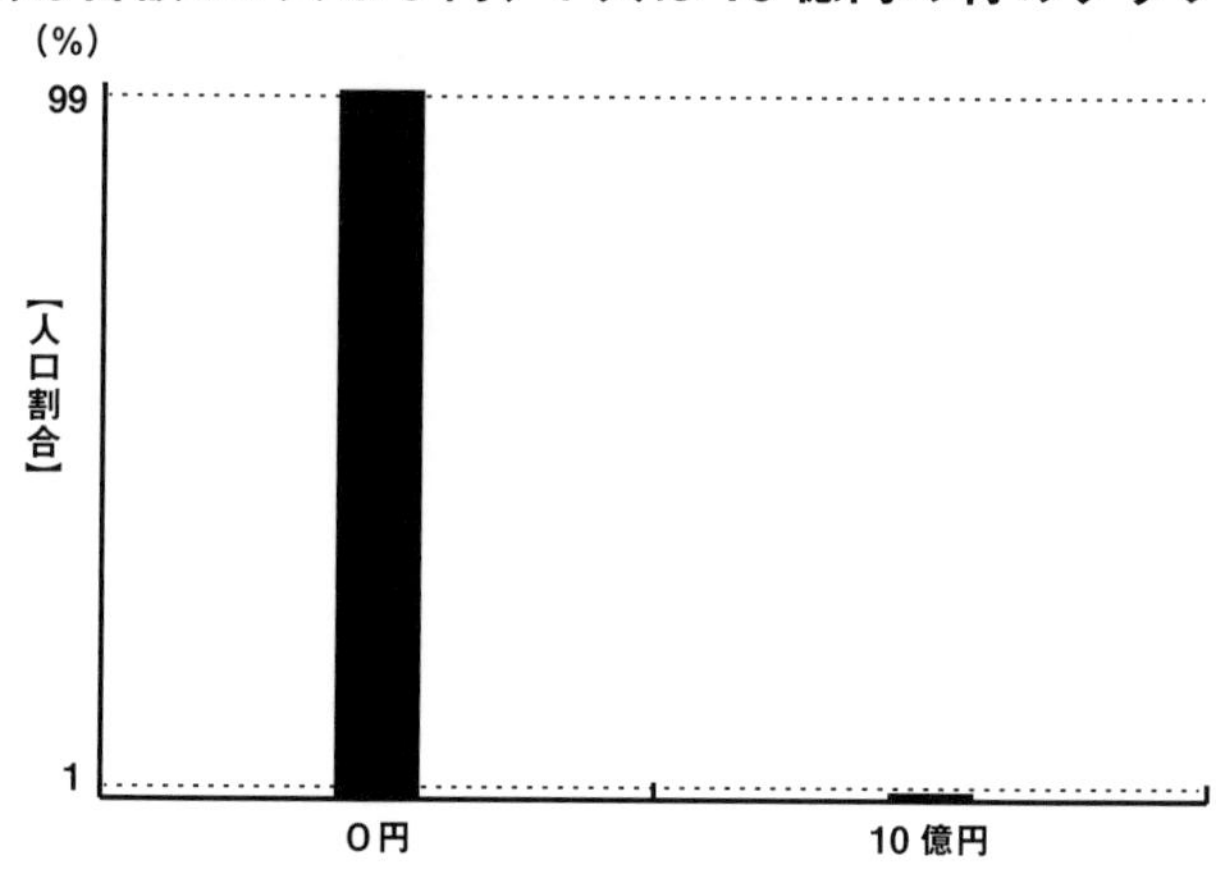

平均値＝データの総和÷データ

を計算することで得られる値である。そのため、貯蓄の少ない人が多くても、極端に貯蓄が多い人がいると、その一部の人の高い金額につられて平均値は上がってしまうからである。

どういうことかというと、ここに人口100人の村があったとする。この村は、村人の99人が貯蓄0円で、1人だけ貯蓄10億円という、極端に右肩下がりの歪んだ形のグラフになる村である。

すると、この村は「1人の貯蓄、平均1000万円」となるのである。これは多くの村人にとって明らかに実感よりも高い数字であろう。

「平均値」だけでなく、「グラフ」を見ることが重要なのである。

〈100 人の村の貯蓄額の中央値〉

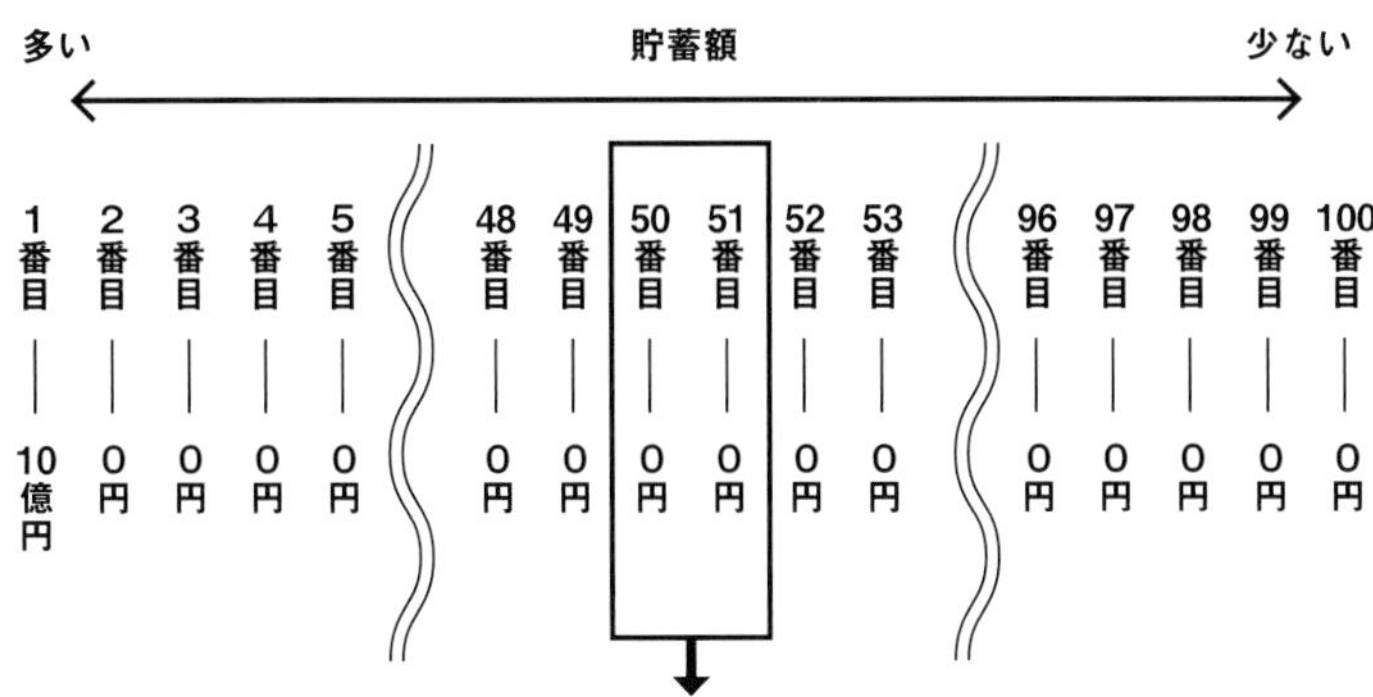

中央値＝真ん中にくる値＝(50 番目 +51 番目)÷２＝0 円

■「中央値」は「平均値」よりも実感に近い

「平均値」よりも実感に近いものに**「中央値」**がある。

「平均値」は、データの総和をデータの数で割ることで得られる値であった。一方、「中央値」は、面倒な計算から得られるものではない。データの並び替えをすることで得られるものである。簡単に言うと、**「中央値」とは、データを大きさ順に並べたときに真ん中にくる値**である。

先ほどの１００人の村で説明しよう。まず、村人を貯蓄額の大きい順に並べていく。すると、真ん中に並ぶのは50番目と51番目ということになる。ここで、中央値は、50番目の村人の貯蓄額と51番目の村人の貯蓄額の平均値となる。この２人とも貯蓄０円であるから、当然、２人の平均値は０円だ。したがって、この村の１人あたりの貯蓄額の中央値は「0円」となる。

そして、今回の「家計調査」の場合も同様に中央値が算出でき、1世帯あたりの貯蓄額の中央値は「978万円」となる。これは、平均値の「1752万円」よりは実感に近い数字と言えるだろう。

■「中央値」「平均値」だけではわからないことがある

だからと言って、「中央値と平均値さえわかればいい」というのは嘘である。中央値や平均値などの代表的な数値（**代表値**という）だけではわからないことがたくさんあるのだ。

例えば、先ほどの100人の村は、1人あたりの貯蓄額が0円（中央値）、1000万円（平均値）の村であった。これらの代表値だけから想像できることは限られているだろう。村人の過半数が貯蓄0円であることはわかるが、まさか、村人の99％が貯蓄0円という極端に貧乏な村だとは思うまい。

そして、今回の「家計調査」では、1世帯あたりの貯蓄額が978万円（中央値）、1752万円（平均値）であった。例えば、これらの代表値だけからは、下位層・中位層・上位層の家庭がそれぞれどのくらい存在するかはわからない。

つまり、**中央値も平均値も家計の実態の全てを表したものではない**のだ。

それでは、家計の実態をよりよく把握するためにはどうすればよいだろうか。

このとき大事なものは、やはり、「グラフ」である。平均値などにとらわれず、「グラフ」をきちんと読み取ることが必要である。「グラフ」は、全データを一目で示したものであり、大量の情報が含まれているものだからである。

実際に「家計調査」のグラフを読み取ってみよう。

すると、貯蓄額500万円未満の下位層は、

11・0+5・7+5・4+5・6+4・7＝32・4％

1600万円以上の上位層は、

3・2+2・7+6・3+4・7+6・8+11・1＝34・8％

であることがわかる。これにより、貯蓄額500万円未満の下位層と、500万円以上1600万円未満の中位層、1600万円以上の上位層の世帯数が同じくらいであることが明らかになった。

このように「グラフ」を丁寧に読み取ると、家計の実態がよりはっきりと見えてくるだろう。下位層と中位層に属する全国の2／3もの世帯が、貯蓄額1600万円未満だったのである。大部分の世帯は、実際に、貯蓄額が「1752万円」には届いていないのだ。「1世帯の貯蓄、平均1752万円」は「高すぎる数値に感じる」という感覚は正しかったのである。**「中央値」「平均値」だけでなく、「グラフ」を見て「グラフ」をきちんと読み取ることが重要**なのである。

■販売シェア、業界1位

グラフから得られる情報について説明してきたが、グラフは分かりやすい反面、騙しやすいものでもある。「グラフ」の中でも、特に「立体円グラフ」には注意しよう。

左ページの「当社」の「販売シェア」をアピールする「立体円グラフ」を見ていただきたい。「業界1位」がどこに見えるかと聞かれたら、多くの人が「当社」ではないかと感じるだろう。だが、実は、「当社」の売上げは1位ではない。1位に見えたのは錯覚だ。

実際の売り上げシェアは下の表と円グラフのとおりだ。「立体円グラフ」は、「円グラフ」などとは異なり立体的であるために、手前に表示される部分が誇張されてしまうのである。この

〈立体円グラフ〉

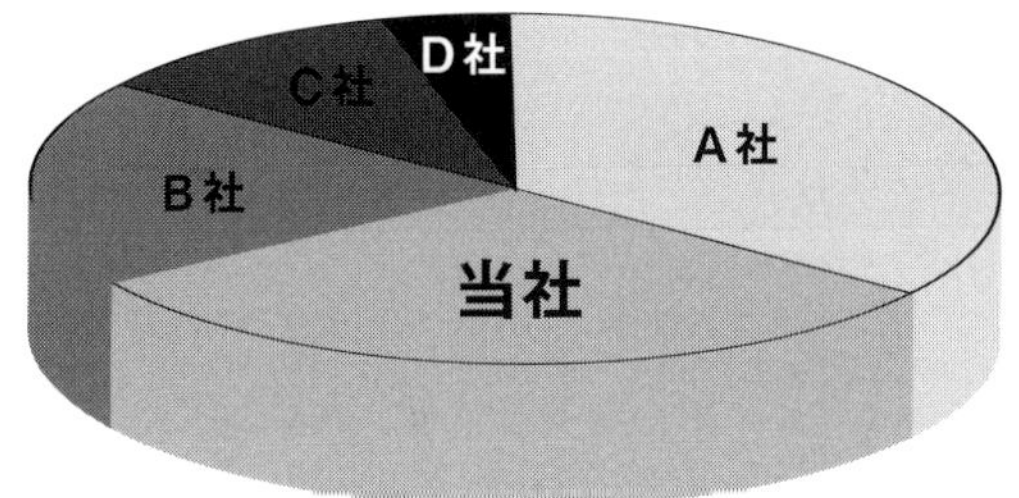

〈円グラフ〉

	売り上げシェア(%)
A社	34
当社	30
B社	19
C社	11
D社	6

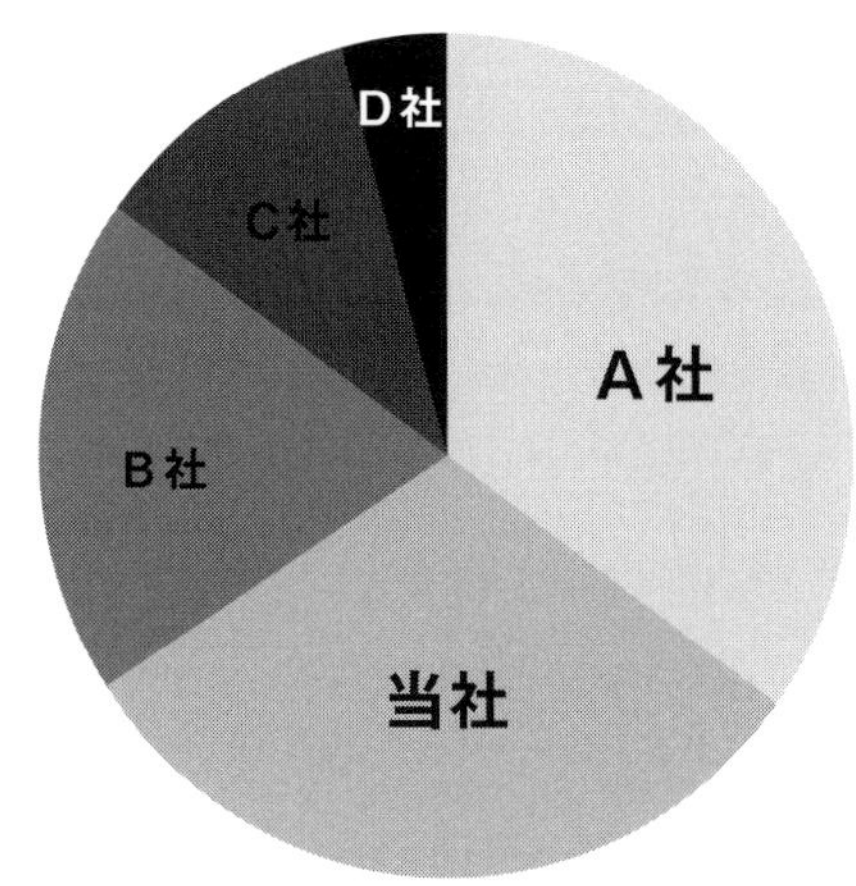

〈絵グラフの例〉

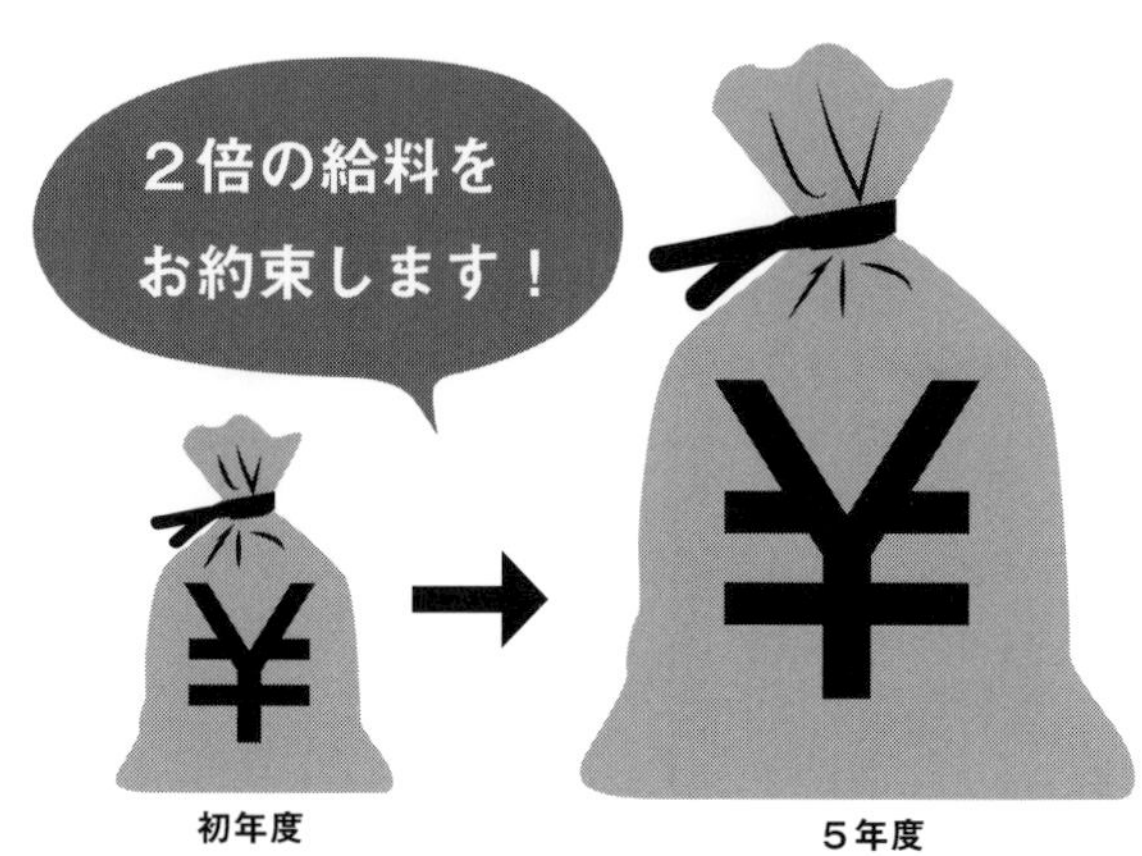

ように、ミスリードを目的としているグラフもあるので気を付けよう。

■5年後、給料2倍

「5年後、給料2倍」をアピールする上の「絵グラフ」を見ていただきたい。

強烈な印象であろう。そのはずである。

5年後の絵は、初年度と比べて、高さ・横幅・奥行きとも2倍になっているのだ。

長さは2倍であるが、体積でみると8倍である。「2倍」と言いながら、8倍の印象を与えていたのだ。

様々な業種で人材不足が問題となっている昨今である。印象だけで判断しないように気をつけよう。

〈紙書籍と電子書籍の市場規模の推移のグラフ①〉

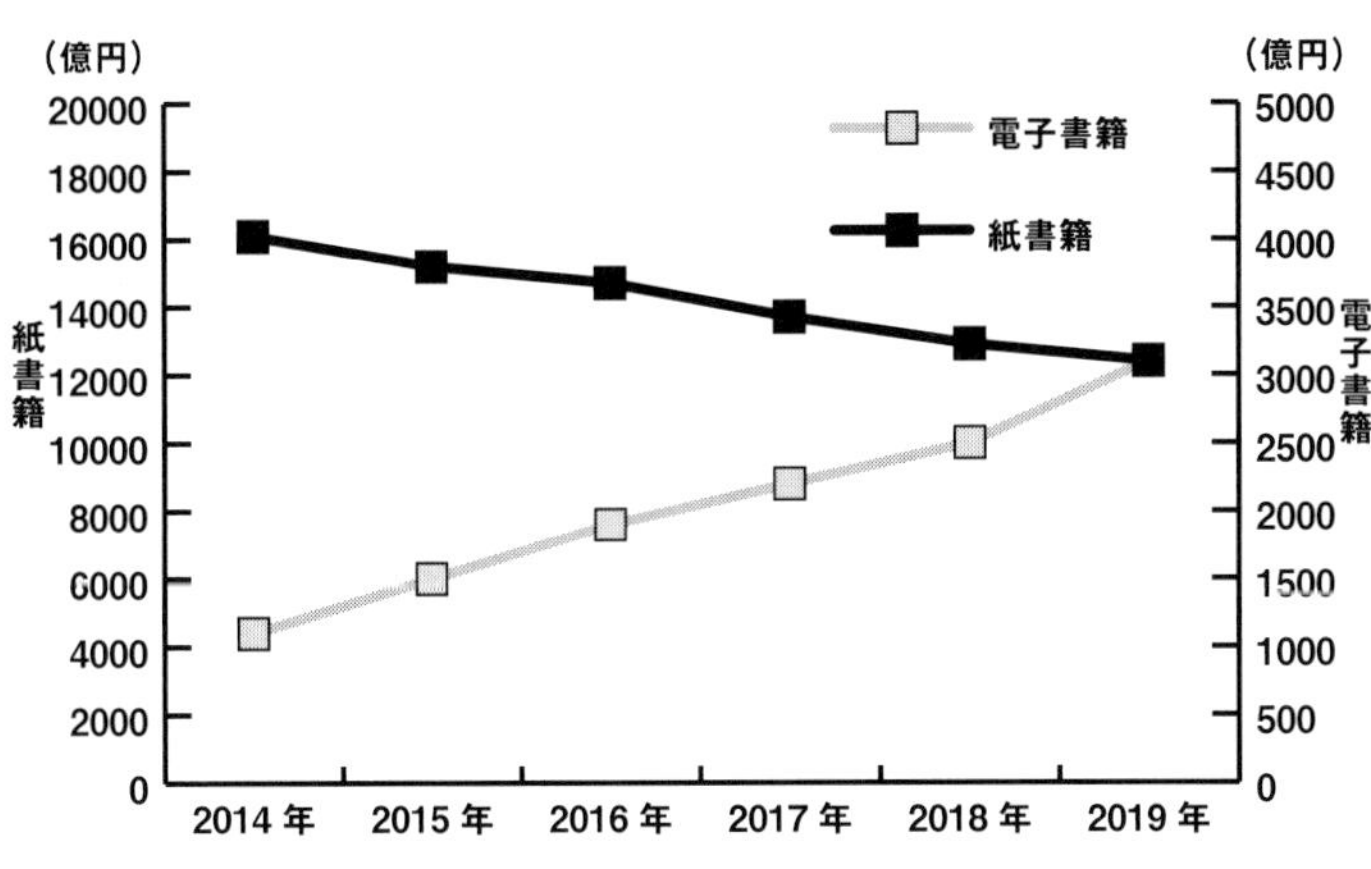

■書籍の市場規模

次に、「紙書籍と電子書籍の市場規模の推移」のグラフを見ていただきたい。このような、どこにでもありそうなグラフであっても注意が必要だ。

このグラフを見て、「近年、電子書籍の勢いがすごい。紙書籍を抜く日も近いのでは」と言われることがあるが、嘘である。

きちんと目盛りを見てみよう。紙書籍は左側に目盛りがあるのに対し、電子書籍は右側に目盛りがある。

よく見ると、１目盛りあたりの金額が、紙書籍は２０００億円であるのに対し、電子書籍は５００億円となっていることがわかるだろう。

〈紙書籍と電子書籍の市場規模の推移のグラフ②〉

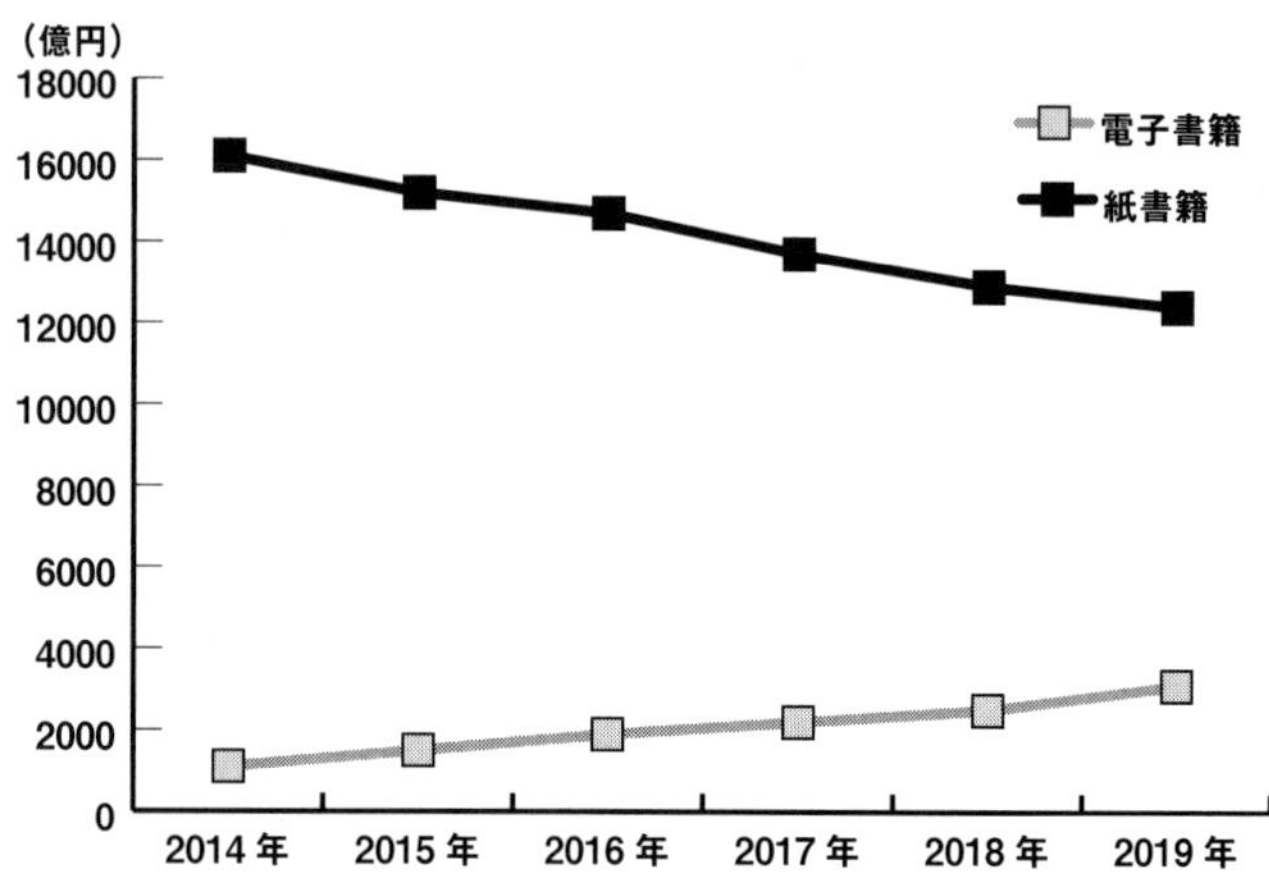

こんなときは、1目盛りあたりの金額を揃えたグラフを思い浮かべるのがよい。実際には、電子書籍の市場規模は紙書籍の4分の1程度にすぎないことがわかるだろう。

騙されてはいけない。「グラフ」は、ボーッと眺めていてはいけないのである。

印象に惑わされることなく、**実際の数字をきちんと見ながら分析するようにしよう。**

10%ポイント還元と10%割引、どちらがお得？

【嘘を見抜くポイント】数字だけのやりとりに注意しよう

■10%ポイント還元

「ポイント還元」をよく目にするようになった。家電量販店などのポイントカードやスマホなどによるキャッシュレス決済を行うと、必ずと言っていいほど、購入金額の数%分が還元されるしくみだ。

中には、10%ものポイント還元が行われることもある「お得」に感じるキャンペーンだが、具体的にどのくらい割引きされているかご存知だろうか？

例えば、「10%還元」と「10%割引」は同じではない。「10%還元は、10%割引と同じくらいお得だよ」などと言われることがあるが、それは嘘なのだ。

簡単に言うと、「10%割引」は、10万円のものを9万円で買えるということである。

一方、「10%還元」は、10万円のものを買うと1万円分が還元されるということなので、

〈ポイント還元と割引率の比較〉

ポイント還元	割引率
1％	0.99％
2％	1.96％
5％	4.76％
10％	9.09％
20％	16.7％

〈「10％割引」割引率の式〉

$$\left(1-\frac{90{,}000}{100{,}000}\right)\times 100=10[\%]$$

〈「10％ポイント還元」割引率の式〉

$$\left(1-\frac{100{,}000}{110{,}000}\right)\times 100\fallingdotseq 9.09[\%]$$

11万円分の価値のあるものを10万円で買えるということだ。

ここで、それぞれの割引率を計算してみよう。上に示した計算式で計算できる。

これより、「10％割引」の割引率は10％である一方、「10％還元」の割引率は9・09％であることがわかるだろう。

つまり、「10％還元」よりも「10％割引」の方がお得なのである。

ちなみに、他のポイント還元も割引率にすると表のようになる。

気づいていただろうか？　お釣りや残金などの数字をただなんとなく見ていただけでは、見過ごしかねないことであろう。カードやスマホなど、数字だけのやりとりをする場合は、「自分の手で計算すること」が重要である。

■お手軽で便利な「リボ払い」

計算が大事なのは、「リボ払い」でも同じだ。

「リボ払い」はリボルビング払いの略で、クレジットカードによる分割払いの一種である。普通の分割払いと違うのは、「〇〇回に分けて支払う」のではなく、「〇〇円ずつを支払う」という点だ。毎回決まった金額を支払うことがお手軽で便利だと言われている。皆さんの中にも「もう使っているよ」という方もいるかもしれない。

しかし、それが最近、「リボ払いで人生を狂わされた」「リボ払いは悪だ」などという声が多く挙がっている。リボ払いでは、いつの間にか大きな借金を抱えていた、ということが起こるからだ。その借金を返すために、犯罪に手を染めてしまった、などという話さえもあるらしい。お手軽で便利なはずのリボ払いでなぜこんなことが起きてしまうのだろうか。

その原因は「高い手数料」と「金銭感覚が狂うこと」にあるようだ。支払いが一定額であるが故に油断して買い物をし過ぎてしまい、いつの間にか手数料も膨らんで、返しても返しても元金が全く減らないという事態に陥るのである。

こうならないためには、やはり、**「自分の手で計算すること」が必要**である。そして、どのくらいの金額を、いつまで支払うかを明確に把握した上で、計画的に返済していくべきであろう。

「自分の手で計算すること」はそれほど難しいものではない。エクセルを使えば、誰でも30分もあればできるだろう。

■50万円を「リボ払い」したらどうなる？

50万円を月3万円（定額）でリボ払いした例で説明しよう。金利（年率）は一般的なリボ払いで見かけることが多い15％とする。パソコンやスマートフォンにエクセルが入っている人は一緒にやってみてほしい。

まず、次のページのように、表のB1のセルに「借入金額」、B2に「500000」、C1に「金利（年率）」、C2に「15」、D1に「支払月額」、D2に「30000」などと入力しておこう。

次は、金利手数料の計算だ。返済1回目の金利手数料は、50万円（借入額）×15％（年利）÷12か月であるから、C5のセルに「=（B2*C2*0・01）／12」などのように入力しておけばよい。

ここで、「$」は、簡単に言うと、定数扱いするという意味である。また、エクセル上では、「*」は「掛ける」、「／」は「割る」の意味である。そのため、「=（B2*C2*0・01）／12」は、「B2×C2×0・01÷12」という意味になる。

すると、返済1回目の金利手数料は、6250円であることがわかる。

そして、借金の返済にあてられるのは、3万円のうち、金利手数料を引いた分になる。3万円全額が借金の返済にあてられないことに注意が必要だ。

〈エクセルで計算する方法〉

	A	B	C	D	E	F	G
1		借入金額	金利(年率)	支払月額			
2		500,000	15	30,000			
3							
4		残りの借り入れ金額	金利手数料				
5	返済1回目						
6	返済2回目						
7	返済3回目						
8	返済4回目						
9	返済5回目						
10	返済6回目						
11	返済7回目						

①借入金額、金利などを入力する

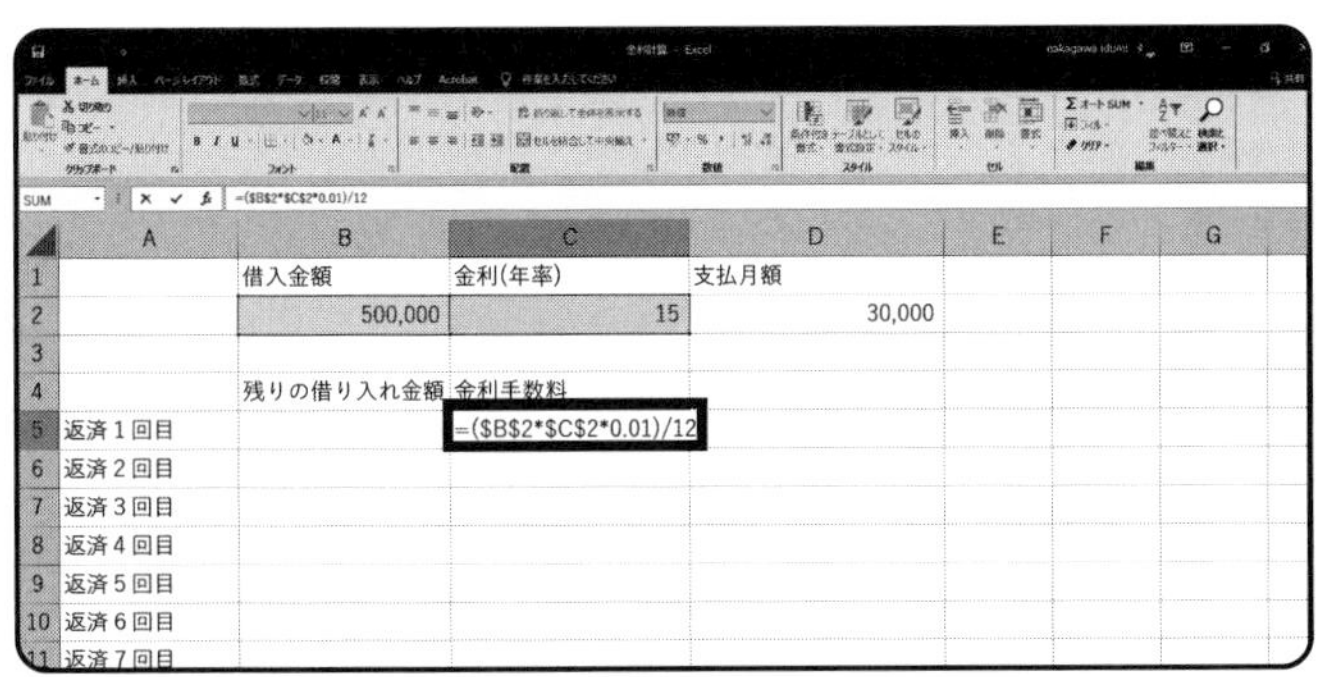

	A	B	C	D	E	F	G
1		借入金額	金利(年率)	支払月額			
2		500,000	15	30,000			
3							
4		残りの借り入れ金額	金利手数料				
5	返済1回目		=(B2*C2*0.01)/12				
6	返済2回目						
7	返済3回目						
8	返済4回目						
9	返済5回目						
10	返済6回目						
11	返済7回目						

②C5のセルに入力する

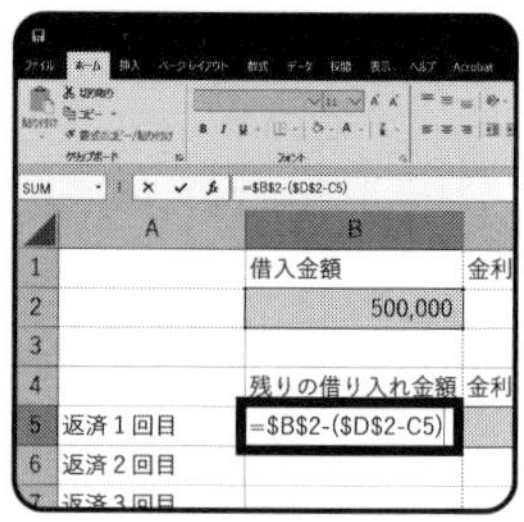

③Ｂ５のセルに入力する

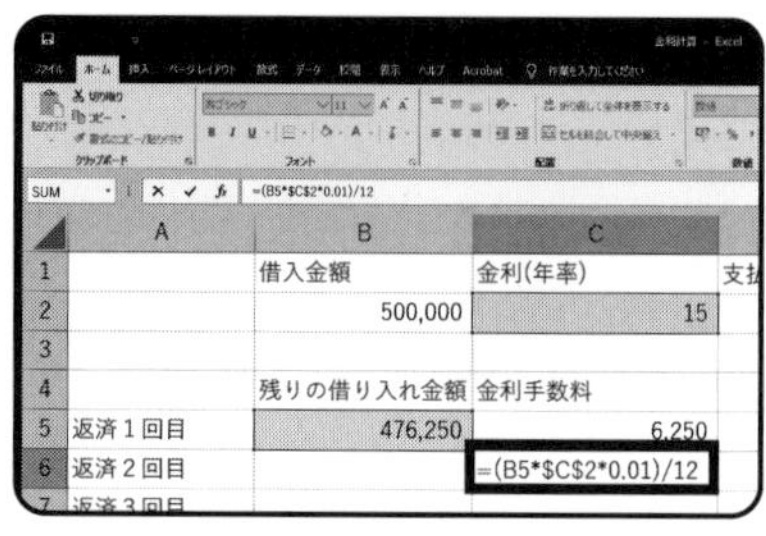

④Ｃ６のセルに入力する

だから、１回目の支払いをすると、３万円－６２５０円＝２万３７５０円だけ借金が減ることになり、残りの借入金額は、50万円－２万３７５０円＝47万６２５０円となる。この１回目の支払いによる残りの借入金額は、Ｂ５に「＝＄Ｂ＄２－（＄Ｄ＄２－Ｃ５）」などと入力しておこう。

次に、返済２回目の金利手数料は、残りの借入金額×15％÷12か月であるから、Ｃ６のセルに「＝（Ｂ５＊＄Ｃ＄２＊０・01）／12」などのように入力しよう。

そして、２回目の支払いによる残りの借入金額は、１回目の支払いによる残りの借入金額から返済にあてられる分を引いた金額であるから、Ｂ６のセルに入力するのは「＝Ｂ５－（＄Ｄ＄２－Ｃ６）」でよいだろう。入力はこれで終わりだ。あとは、Ｂ６とＣ６のセルをまとめてコピー（オートフィル）するだけである。

すると、結果は、総額56万４２０２円（うち金利手数料６万４２０２円）を、19か月（約１年半）かけて払うという

=B5-(D2-C6)

	A	B	C	D
1		借入金額	金利(年率)	支払月額
2		500,000	15	30,000
3				
4		残りの借り入れ金額	金利手数料	
5	返済１回目	476,250	6,250	
6	返済２回目	=B5-(D2-C6)	5,953	
7	返済３回目			

⑤Ｂ６のセルに入力する

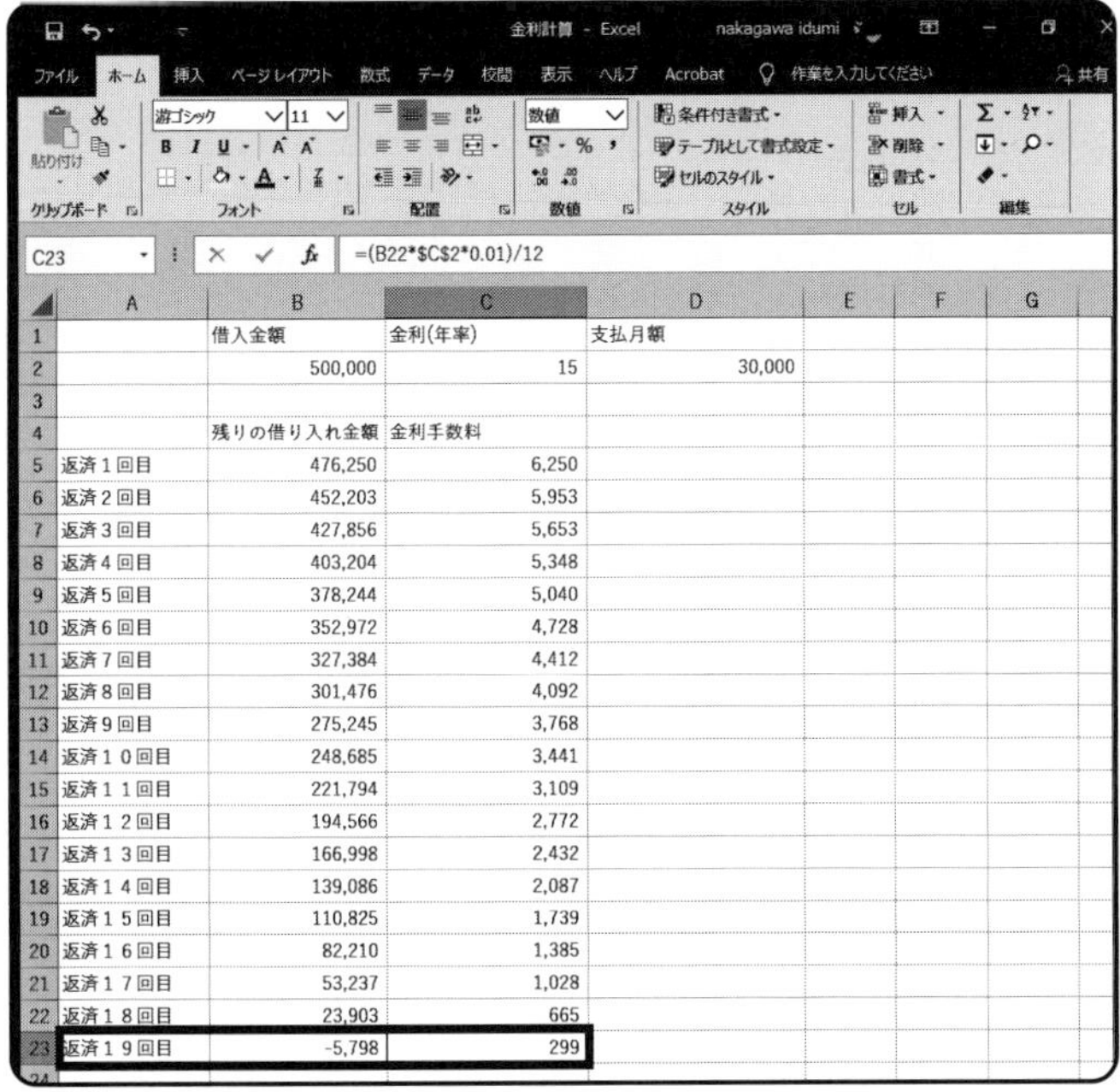

C23　=(B22*C2*0.01)/12

	A	B	C	D
1		借入金額	金利(年率)	支払月額
2		500,000	15	30,000
3				
4		残りの借り入れ金額	金利手数料	
5	返済１回目	476,250	6,250	
6	返済２回目	452,203	5,953	
7	返済３回目	427,856	5,653	
8	返済４回目	403,204	5,348	
9	返済５回目	378,244	5,040	
10	返済６回目	352,972	4,728	
11	返済７回目	327,384	4,412	
12	返済８回目	301,476	4,092	
13	返済９回目	275,245	3,768	
14	返済１０回目	248,685	3,441	
15	返済１１回目	221,794	3,109	
16	返済１２回目	194,566	2,772	
17	返済１３回目	166,998	2,432	
18	返済１４回目	139,086	2,087	
19	返済１５回目	110,825	1,739	
20	返済１６回目	82,210	1,385	
21	返済１７回目	53,237	1,028	
22	返済１８回目	23,903	665	
23	返済１９回目	-5,798	299	

⑥オートフィルで
残りの借り入れ金額がマイナスになる所まで表示する

ことがわかる。

あらかじめこのような計算ができていれば、「こんなはずではなかった」と後悔することはなくなるに違いない。多少複雑そうな計算であっても、エクセルなどを活用して自分の手で計算できるようにしておこう。

■永遠に返済が終わらない「リボ払い」

先ほど、返しても返しても返済が終わらないという話をしたが、嘘ではない。実際に「永遠に返済が終わらないリボ払い」が存在する。

どのような返済内容なのか、実際に計算してみよう。先ほど作成した表を使えばよい。50万円を金利（年率）15％でリボ払いした例で説明しよう。

支払月額を（先ほどは3万円だったものを）６２５０円にしてみていただきたい。

すると、どうであろうか。一向に借金が減らないことがわかるだろう。

なぜ、６２５０円かというと、返済1回目の金利手数料だからである。金利手数料の分しか払っていなければ、借金は減るはずがない。これが「永遠に返済が終わらないリボ払い」である。

それでは、支払月額を６２５１円にしてはどうだろうか。なんと、７０４か月、つまり58年

〈永遠に終わらないリボ払い〉

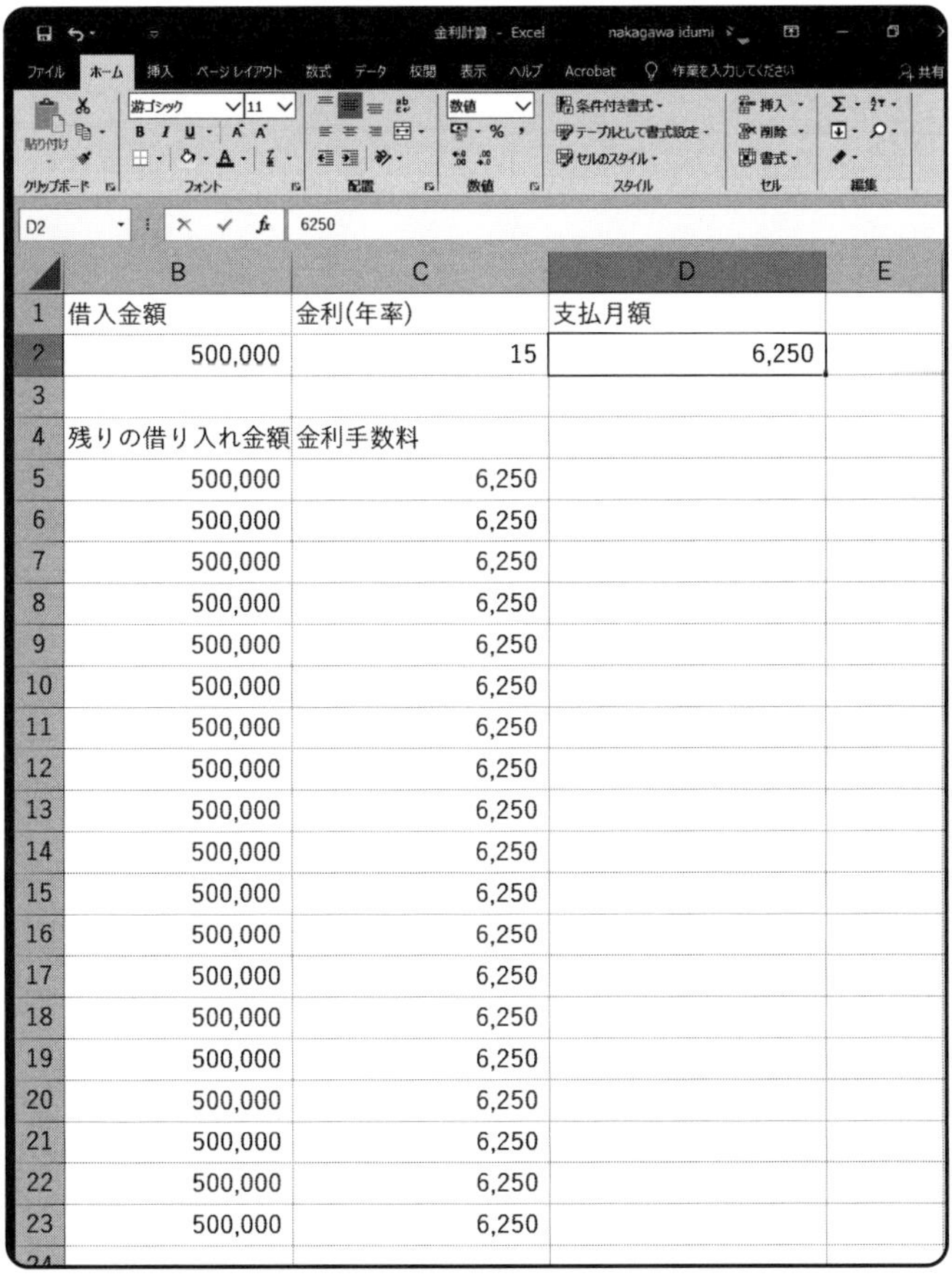

	B	C	D	E
1	借入金額	金利(年率)	支払月額	
2	500,000	15	6,250	
3				
4	残りの借り入れ金額	金利手数料		
5	500,000	6,250		
6	500,000	6,250		
7	500,000	6,250		
8	500,000	6,250		
9	500,000	6,250		
10	500,000	6,250		
11	500,000	6,250		
12	500,000	6,250		
13	500,000	6,250		
14	500,000	6,250		
15	500,000	6,250		
16	500,000	6,250		
17	500,000	6,250		
18	500,000	6,250		
19	500,000	6,250		
20	500,000	6,250		
21	500,000	6,250		
22	500,000	6,250		
23	500,000	6,250		

半ほど返済にかかることになるのである。これでは、「一生返済が終わらないリボ払い」になりかねない。

また、この場合、支払い総額は439万8219円に膨れ上がることにも注意が必要だ。つまり、少しずつ長期間にわたって返済した方が、金融機関には利益になるのである。「お手軽・便利なリボ払い」が大きく宣伝されている理由がわかるであろう。

カードやスマホなど、数字だけのやりとりは「お手軽・便利」であるが、自分の手できちんと計算しておかなければ人生を台無しにしてしまうかもしれない。

保険金1000万円の生命保険はお得なの？

【嘘を見抜くポイント】常識的な数字は覚えておこう

■保険金1000万円の生命保険はうまい話か？

皆さんは保険に入っているだろうか？

「なんとなく不安だから」「勧められたから」などという理由で入る人が多いそうだ。そこで、既に加入した人も、加入しようか悩んでいる人も、一度考えてみてほしい。

「保険金1000万円の生命保険」はお得だろうか？

実際に計算してみよう。

保険料月額3000円、保険期間10年（35〜44歳・男性）であったとする。これは、毎日、1日100円だけ払っておけばいいということだ。掛け金の総額は、3000円×12か月×10年＝36万円と計算できる。

36万円の支払いだけで、死んだら1000万円もらえるのだ。なんとも「うまい話」ではないだろうか。

しかし、騙されてはいけない。「うまい話」には気をつけなければいけないのである。**「うまい話」が聞こえてきたら、「常識的な数字」を思い出せるようにしておこう**。そうすれば騙されるリスクをぐっと減らせるに違いない。

ここで、「常識的な数字」とは、損得を賢く判断して生きていくために必要な数字である。その最も典型的なものが「死ぬ確率」だ。

今回の場合は、まさにその「死ぬ確率」が重要である。なぜなら、掛け捨て型の生命保険の場合、35〜44歳の間に死ななければ掛け金はムダになる。掛け金をムダにしないためには、死ぬしかない。「死ぬ確率」が高いほど、お得だということになる。だから、「死ぬ確率」が大事なのである。

「死ぬ確率」は、厚生労働省の「簡易生命表」で公表されているので見てみよう。

ここでの「死亡率」は、ある年齢で「死ぬ確率」を示している。

細かい数字を覚えておく必要はないが、だいたいで構わないので覚えておこう。例えば、40歳代では0・1％ほど、50歳代になると0・2％を超えて高くなるという程度でよい。このくらいのことを「常識的な数字」として覚えておけば、「0・1％未満の30歳代から保険に入るのはお得ではない可能性がある」と即座に判断することができるだろう。

〈簡易生命表〉

（平成30年・男性）

年齢	死亡率	生存数	死亡数	定常人口		平均余命
x	$_nq_x$	l_x	$_nd_x$	$_nL_x$	T_x	e_x
30	0.00055	99 046	54	99 019	5 138 523	51.88
31	0.00057	98 991	56	98 963	5 039 504	50.91
32	0.00060	98 935	59	98 906	4 940 541	49.94
33	0.00063	98 876	62	98 845	4 841 635	48.97
34	0.00065	98 814	64	98 782	4 742 790	48
35	0.00068	98 749	67	98 716	4 644 008	47.03
36	0.00072	98 682	71	98 647	4 545 292	46.06
37	0.00076	98 612	75	98 575	4 446 645	45.09
38	0.00081	98 537	80	98 497	4 348 070	44.13
39	0.00087	98 457	86	98 414	4 249 573	43.16
40	0.00094	98 371	93	98 325	4 151 159	42.2
41	0.00102	98 278	100	98 229	4 052 834	41.24
42	0.00112	98 178	110	98 124	3 954 605	40.28
43	0.00123	98 068	121	98 009	3 856 481	39.32
44	0.00136	97 948	133	97 882	3 758 472	38.37
45	0.00149	97 815	146	97 743	3 660 590	37.42
46	0.00164	97 669	160	97 591	3 562 847	36.48
47	0.00181	97 509	177	97 422	3 465 256	35.54
48	0.00200	97 332	195	97 236	3 367 834	34.6
49	0.00221	97 137	215	97 032	3 270 597	33.67
50	0.00245	96 923	237	96 806	3 173 566	32.74

■賢い選択をしよう

ついでに、35～44歳で「死ぬ確率」を実際に計算してみよう。これは、保険を選ぶうえで、よい判断材料になるはずだ。

まず、「簡易生命表」から、35歳のうちに死ぬ確率は、0・068％と読み取ることができる。これは、35歳になったときに9万8749人いた人（生存数）のうち、67人が36歳になる前に死亡する（死亡数）ということだ。

数式で表すと、

死亡率＝死亡数÷生存数＝67÷9万8749＝0・00067784……≒0・00068

ということになる。そして、この表から、35歳になったときには9万8749人の人がいたが、45歳になれたのは9万7815人だったことがわかる。35～44歳で、9万8749－9万7815＝934人が死亡するということだ。

したがって、35～44歳で死ぬ確率は、

934÷9万8749＝0・009945……≒0・0095

より、およそ0・95％となる。「100人のうち1人くらいが死ぬ」ということだ。

ここで、保険会社の立場から考えてみよう。

この100人が全員保険に入ったとすると、保険会社の収入は100人×36万円＝3600万円である。一方、死亡者に支払われる保険金のために保険会社が行う支出は、1人×1000万円＝1000万円にすぎないことになる。保険会社にとっては、3600万円－1000万円＝2600万円の儲けだ。

「保険金1000万円の生命保険」は、保険会社にとっては十分余裕があるということである。仮に保険金が3倍の3000万円であっても、保険会社は3600万円－3000万円＝600万円の儲けになるだろう。

このことから、保険金が2〜3倍ほどであっても、保険会社は十分利益を出して営業できる可能性があることがわかる。つまり、「同じくらいの掛け金で、もっと保険金が高いお得な保険が他に存在する可能性がある」のである。それなのに、「当社よりもお得な保険は他にはありません！」などと勧誘されたら危険だ。大嘘だからである。

このように、「常識的な数字」を調べて活用することができれば、「うまい話」に騙されることなく、賢い選択ができるようになるだろう。

■年利10％の投資

「年利10％」などという広告がインターネットなどに溢れている。「年利10％」はあたりまえではない。「高利回り」のとても「うまい話」である。巷には、このような「高利回り」に騙されて大きな損害を被る人が多い。

例えば、「最初は配当金がきちんと出されていたので安心していたが、ある日突然連絡が途絶えてしまった。預けたお金を持ち逃げされてしまい、結局、大損してしまった」というのである。これは「ポンジ・スキーム」と呼ばれる詐欺の手口である。

このような詐欺に騙されないためにも必要なのは、「常識的な数字」である。「一般的な利回りがどのくらいか」はその1つだ。

様々な種類の投資があり、時代や商品によって相場が異なるが、現在の目安は「利回り4％」である。**「利回り4％」より高い場合は、「リスクが高め」と考えてよい。**

覚え方は、「1億円を投資したとき、400万円の不労所得が得られる利回り」だ。400万円÷1億円＝0・04ということである。多くの投資家が、一般的なサラリーマンの年収にあたる400万円を不労所得として得るために、資産1億円を目標としていることを思い浮かべるとよい。

「うまい話」に潜むリスクを見極めるために、「常識的な数字」を覚えておこう。

〈「ポンジ・スキーム」の流れ〉

①「月利20%」などと高配当を謳い、お金を集める

②運営者は集めたお金を運用しているように見せかけて、
実際は何もしていない

③配当金は、集めたお金の中から出してしまう

④配当金が魅力的なので、出資者・出資額が増える

⑤運営者は、ある程度お金を集めたら
やりくりができなくなる前に雲隠れする

〈投資法別の平均的な利回り〉

投資方法	平均的な利回り
預金	0.02%
国債	1%弱
外貨預金	0.02%～2%
投資信託	1%～3%
ETF（上場投資信託）	3%～5%
不動産投資	5%前後
REIT（不動産投資信託）	4%～6%
株式投資	5%～7%
ソーシャルレンディング	5%～10%
FX	-5%～20%
仮想通貨	トレーダーによる

50%上がって、50%下がったら元通り？

【嘘を見抜くポイント】変化する数字に注意しよう

■価格が50%変動した

2020年は、第2次世界大戦以降最悪の経済危機を迎えることになった。新型コロナウイルス感染症の拡大のためである。緊急事態宣言と自粛の要請、変則的な公的資金の投入や「アベノマスク」などの前例のない政策は記憶に新しい。また、トイレットペーパーや消毒液などの衛生用品の品薄、日用品や食品の買い占めなどにより、日常生活に直接大きな支障を生じることになった。

そんな中、ある衛生用品は、「価格が50%上がって、50%下がった」そうだ。聞いたところによると、需要が急に増えて品薄になったため、価格が上がったという。そこで生産量を増やしたが、需要が想定したよりも長続きせず、結果的に生産過剰になり価格が下がったとのことである。価格が乱高下したということだ。

〈1000円の物が50％上がり50％下がると…〉

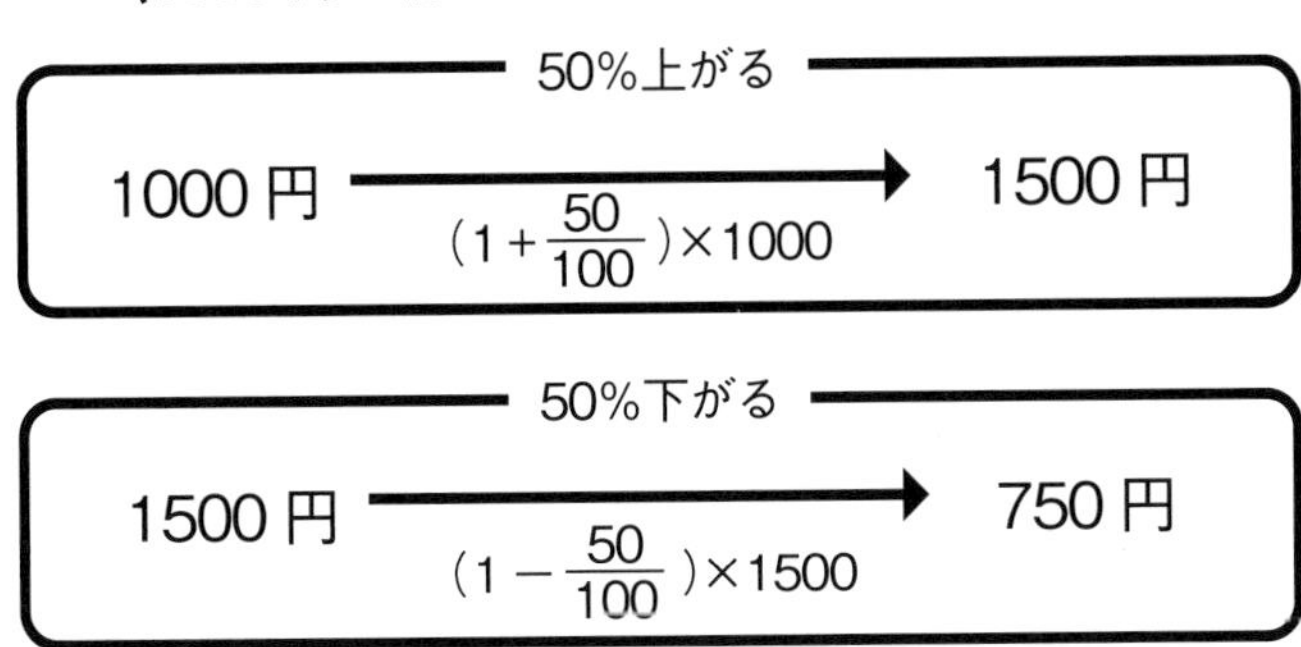

この価格の乱高下のように、**変化する数字には気をつけなければならない**。計算を間違いやすいからである。

事実、多くの人が計算を間違えていて、「価格が50％上がって、50％下がった」＝「価格が元に戻った」と勘違いしているという。

確かに、「プラス50％の後にマイナス50％だから、この2つの数字を単純に足し合わせると0％になる。したがって、結果的に元に戻ったことになる」などと言ってしまいがちである。

しかし、残念ながら間違っている。そんなのは嘘だ。きちんと計算すればすぐにわかる。簡単だ。実際にやってみよう。

上のように、最初の価格を1000円とする。まず、50％値上がりすると1500円になる。そして、これが50％値下がりすると750円になるのである。結果的に、最初の価格の75％の価格になってしまったことがわかるだろう。

〈変化する部分だけをまとめて計算する式〉

$$\left(1-\frac{50}{100}\right)\times\left(1+\frac{50}{100}\right)\times1000=\left(1-\frac{25}{100}\right)\times1000$$

つまり、実際には値下がりしていたのである。

それでは、最初の価格が変わっても同じように値下がりするだろうか？　これを確かめるには、上のように、変化を表す部分だけをまとめて計算するといい。すると、最初の価格がいくらであっても、結果的に25％値下がりして、最初の価格の75％の価格になることがすぐにわかるだろう。

価格の変化などを勘違いしないためには、慌てず丁寧に計算することが重要である。

■株価の乱高下・不安定化

2020年2月末頃に始まった世界的な株価大暴落は、「コロナショック」と呼ばれている。それ以降、アメリカ株の暴騰など、株価の乱高下・不安定化が続いている。

新型コロナウイルス感染症対策として社会活動を制限したことは、経済面で甚大なマイナスの影響をもたらした。2008年から2009年の

〈ある企業の株価の変化〉

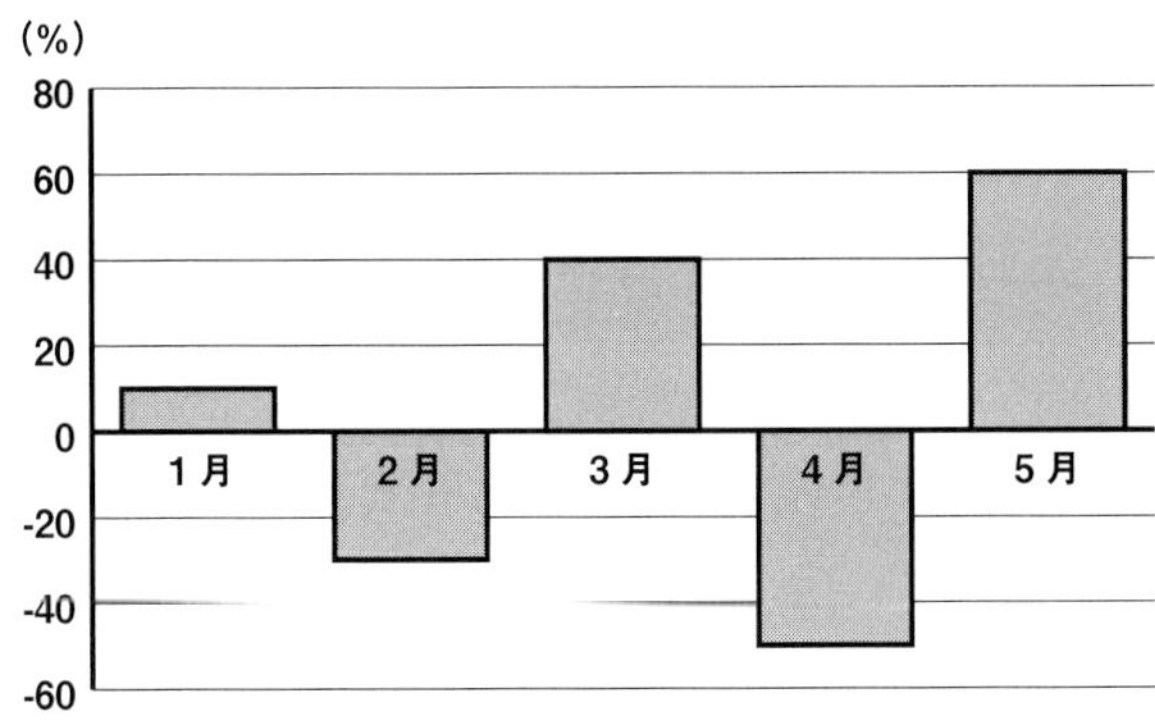

「リーマンショック」を上回る景気後退に陥ったとも言われている。

巷では、「新型コロナウイルスよりも経済恐慌を招く方が怖い」という声が聞かれるほどである。

そんな中、ある企業の株価は、上の図のように変化したそうだ。

この企業の5月末の株価は、前年末の元の株価と比べて上昇しただろうか？　それとも下落しただろうか？

「棒グラフの面積に注目すると、－50％、－30％となっているマイナスの面積を足し合わせたものよりも、＋60％、＋40％、＋10％となっているプラスの面積を足し合わせたものの方が大きく見える。だから、株価は上がった」などと言っていたら危険だ。大嘘だからである。

〈変化する部分だけをまとめて計算する式〉

$$\left(1+\frac{10}{100}\right)\times\left(1-\frac{30}{100}\right)\times\left(1+\frac{40}{100}\right)\times\left(1-\frac{50}{100}\right)\times\left(1+\frac{60}{100}\right)\times A=0.8624A$$

今回もきちんと計算すればすぐにわかる。簡単だ。実際にやってみよう。

元の株価をA円とする。すると、上のような計算式になる。少し長い計算式だが難しくない。これを計算すると、0・8624A円となることがわかるだろう。0・8624A円は、元の株価A円の86・24％の金額だ。

つまり、この企業の株価は、結果的に13・76％下落したのである。株価が上がるどころか、1割以上下落していたのだ。

このように、「数字がどれだけ変化したか」を勘違いしないためには、拙速に判断してはいけないのである。**図の見た目などにとらわれず、落ち着いて冷静に考えることが必要**である。

第４章

暮らしにまつわる数字の嘘

「98・5％が効果を実感した」って本当？

【嘘を見抜くポイント】アンケートの数字に注意しよう

■存在しないアンケートの数字

「消臭」「冷感」「保温性」など、様々な効果があることをアピールする肌着が増えてきた。新しい素材や、特殊なメカニズムのおかげだそうだ。ただし、「アンケート」がそのような効果があることの根拠になっている場合は気をつけた方がいい。

あるところに、「98・5％が効果を実感した肌着」というものが売られており、そこには「アンケート回答者500人のうち、98・5％が『消臭』の効果を実感している」と書かれていた。

それを見た私は、「大嘘じゃないか」とすぐに気づいた。理由は簡単である。

例えば、アンケート回答者500人のうち492人が効果を実感した場合、492÷500＝0・984より、98・4％になる。また、アンケート回答者500人のう

〈500人にアンケートを採った際の効果を感じた人数と割合〉

人数	490	491	492	493	494	495	496	497	498	499	500
割合(%)	98	98.2	98.4	98.6	98.8	99	99.2	99.4	99.6	99.8	100

ち493人が効果を実感した場合、493÷500＝0・986より、98・6％になるのである。つまり、アンケート回答者が500人である限り、98・5％という数字は存在しないのだ。

おそらく、アンケート回答者が少ないとか、アンケートそのものをきちんとやっていないということだろう。「アンケート」には存在しない数字が使われていることがあるので気をつけよう。

■満足度91・7％の化粧品

「満足度91・7％の化粧品」などというものがよく売られている。

その化粧品の購入者に「アンケート」を行ったところ、アンケート回答者のうち91・7％もの人が「満足した」と答えたそうだ。もし、「みんなが気に入っているのだから良いものに違いない」などと思っているのなら、気をつけた方がいい。なぜなら、アンケートの回答者数が少なすぎるかもしれないからだ。

例えば、次のように計算することができる。

まず、アンケートの回答者数をN人とする。そのうち、N－1人が「満足した」と回答した場合、満足度は、100×（N－1）÷Nと表すことができる。ここで、100×（N－1）÷N≒91・7%となるNの値を探してみよう。すると、N＝12のとき、100×（12－1）÷11＝91・66……≒91・7%となることがわかるだろう。

なんと、12人しか「アンケート」に回答していなかった可能性があるのだ。

このように回答者数が少なすぎる場合、意図的に回答者を限定することにより偏った結果や都合のいい結論を導いていることが疑われる。

例えば、12人というと、会社内の人や友人など限られた人でも十分な人数である。そのくらいの人数であれば、「満足した」と答えてくれそうな人を選んでアンケートを行うことも容易いだろう。

回答者数が不明、または少なすぎる「アンケート」に気をつけよう。

■使用者の90%以上に効果があった磁気治療器

「磁気治療器」は人気商品であろう。特に、湿布薬のように肩や腰に永久磁石を貼って「コリの解消、血行の促進に効果がある」というものは有名だ。

そういえば、政府の「桜を見る会」に、マルチ商法を展開した「ジャパンライフ（株）」の元会長が招待されていたことが話題となったが、同社で扱った商材も「磁気治療器」であった。「第三者に貸し出せば、レンタル料としての収入が定期的に得られる」と言って、磁気ネックレスや磁気ベストを数百万円で購入させていたという。被害者は、高齢者を中心に7000人以上、被害総額は1800億円を超えると言われている。

通常、薬機法により、明確な根拠のない治療器具を「効果がある」として販売することはできない。「磁気治療器」が「効果がある」と宣伝して販売できているのは、「家庭用永久磁石磁気治療器」として、厚生労働省から認定を受けているからである。

厚生労働省が「磁気治療器」の効果を認めるきっかけとなったのは、「皮膚貼付用磁気治療具の治療効果について」という論文において、「使用者の90%以上に効果があった」と結論づけられていたことだ。問題は、その結論がどのようにして導かれたか、である。

なんと、販売している磁気治療器のパッケージに同封した「アンケートはがき」の集計によって得られた結論だったのだ。

このやり方には問題がある。使用者の主観だけに頼っているからだ。使用者の多くは、もともと効果を期待して購入したに違いない。だから、その中には、効果が無かったのに「効果があった」と誤って判断した人もいたはずだ。

このような**「プラセボ効果」**は、数十%以上あるなど、影響力がとても大きいことがある。実際に効果があったのは90%よりも低かった可能性が高いのだ。

また、「アンケートはがき」という面倒なものにわざわざ回答するのはどのような人だろうか。効果があって大喜びしている人が大半だった可能性も考えられる。

したがって、このアンケートは、「効果があった」という結論になりやすいと言えるものだ。開発者が、都合のいい結論に導くために実施したものだと疑われてもおかしくない。「使用者の90%以上に効果があった」は、客観的な結論とは言えないのである。

一般的な**「アンケート」には、「客観的な結論が得られにくい」**という弱点があるのだ。

■二重盲検法

効果の真偽を客観的に明らかにするための調査方法として、**「二重盲検法」**がある。

これは、まず、「開発したもの」と「効果がないもの」の2種類を用意する。そして、使用者を2グループにわけて、あるグループには「開発したもの」を使用させ、もう一方のグループには「効果がないもの」を使用させる。その後、各グループを比較して、効果があるかどうかを評価するのである。

このとき、使用者にも開発者にも、どちらが「開発したもの」であるかわからないようにしなければならない。もし、使用者が、自分が使用しているものが「開発したもの」であることを知ってしまうと、プラセボ効果により、仮に効果が無くても「効果があった」という反応を示してしまう可能性がある。

また、開発者が、どちらのグループが「開発したもの」を使用しているかを知ってしまうと、都合のいい結論を導くために一方のグループだけを甘く評価するなど、偏った評価をしてしまう可能性があるのだ。

「磁気治療器」の効果についても、近年、「二重盲検法」による調査がされてきており、「肩凝りに対する磁気による治療効果の検討」という論文では、「磁気治療器は、患部が低温化した凝りの部位を明らかに改善し、皮膚温度、深部温度、血流量を上昇させた。」と結論づけられている。

その詳しいメカニズムについては未だ解明されていないものの、使用者の主観だけに頼った調査よりは信用できる結論であると言えるだろう。

「アンケート」の弱点を補うためには、「二重盲検法」を採用した調査などが必要なのだ。

「一等米」は、最もおいしいお米のこと？

【嘘を見抜くポイント】どのような性質を表した数字であるか確認しよう

■一等米というキャッチコピー

商品の広告宣伝のために、しばしばキャッチコピーが用いられる。

特に、「数字を用いたキャッチコピー」は、一見、数字のおかげで分かりやすいように感じられるものであるが、十分に気をつけなければならない。

例えば、「一等米」は、よく見かける「キャッチコピー」の1つである。

「一等米」＝「お米の中で、最もおいしいお米だと認められたもの」と思っている人が多いそうだ。「一等米」という名称から、なんとなく高級な雰囲気を感じるのであろう。

だが、「一等米」＝「最もおいしいお米」というのは嘘である。なぜなら、**「一等米」は、味ではなく「見た目」の検査から判定されたもの**だからだ。

収穫された米（玄米）は、整粒（虫害や着色などの有無）、形質（粒ぞろい、粒径、光沢などの程度）、水分（常圧加熱乾燥法による）の検査（等級検査という）により、一等米、二等米などが決められるが、あくまでも「目視」による検査なのである。

確かに見た目がいいことに越したことはないが、見た目がいいからといって必ずしも味がいいとは限らない。食味（おいしさ）を鑑定する検査は他にあるが、任意検査であるため受けない生産者も多いという。

「一等米」は、米の「見た目」という、米の一部分の性質を示したにすぎないのである。

このように「なんとなくすごそうなキャッチコピー」に騙されてはいけない。

「キャッチコピー」は、確かに、短くてわかりやすいものだ。しかし、性質や特徴の全てを表現したものではないのである。

■本当に良いものを選ぶためには

「○等米」などの「キャッチコピー」が無くてもおいしいお米がある。

そもそも等級検査を受けることができなかった米だ。米の等級検査は、1・9㎜程度のふるいにかけて残ったものしか受けられない。ふるいから落ちた米は、規定のサイズに達していないとみなされるのだ。

これは、等級検査を受けることができないのは、米のサイズが小さいためであり、米の味などとは関係ないということである。巷では、1・9㎜程度のふるいで落ちた米のうち1・7㎜程度のふるいで残る米の一部は、「中米（ちゅうまい）」と呼ばれ食用として販売されていることがある。

また、「中米」より小さい米は、煎餅の材料や加工品の原料などとして使用されることが多い。小ぶりなだけで十分食べられる米ばかりなのだ。

「中米」は、等級検査を受けることができなかったために、産地、品種、収穫年度が表記できない。したがって、「○等米」「○○産コシヒカリ」などとして販売できないために価格が安くなる傾向がある。

たった0・2㎜ほどの大きさの違いを我慢すれば、安価でお米が手に入れられるのだ。しかも、おいしいお米をつくる農家の「中米」がマズいはずがないだろう。本当に良いものを選ぶためには、**性質や特徴を細かく丁寧に調べることが重要**なのである。

■4オクターブの声

「4オクターブの声」は、CDやアーティストなどの紹介で使用されることの多い「キャッチコピー」の1つだ。誰でもどこかで一度は耳にしたことがあるだろう。

〈オクターブと基音・倍音の関係〉

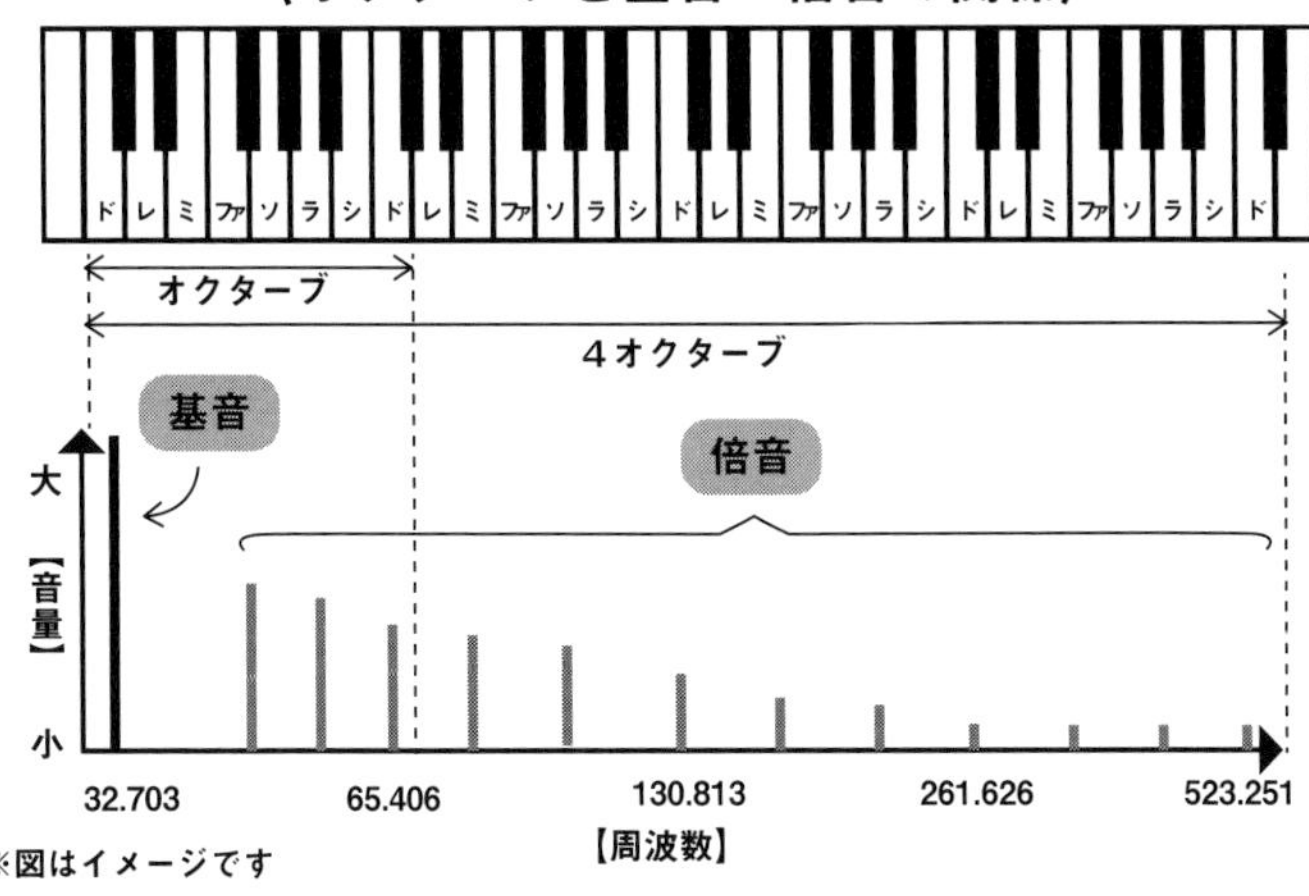

※図はイメージです

ところで、「4オクターブの声」＝「高い音から低い音まで出せるすごい歌声」と言われることがあるが嘘である。なぜなら、「4オクターブの声」は誰でも出せるからだ。

普段の話し声の中にも、高い音から低い音まで幅広い音域の音が含まれており、4オクターブを越える音も出ているのである。

例えば、「ド」の高さの音を出したとする。すると、出した「ド」の音の他にももっと高い音が、出したつもりがなくても同時に出ているのである。なお、出した「ド」の音のことを「基音（きおん）」といい、他に出た音のことを「倍音（ばいおん）」という。

また、音の高さを表す指標を「周波数（Hz、ヘルツ）」といい、1オクターブ高い音＝周波数が2倍の音である。

ちなみに、4オクターブ以上の全ての音を

「基音」で出すことは難しい。特に、地声感のある声で出すのは、年単位の訓練を要する高度な技術であると言われている。「4オクターブの声」は、声の性質や特徴を正確に表現したものではないのである。どのような性質を表した数字であるか確認するように心がけよう。

■7・8Wの電球

「7・8W(ワット)の電球」という「キャッチコピー」を見てどう思うだろうか。「普通は40Wや60Wだから、暗い電球なのではないか」と心配になる人もいるだろう。しかし、安心してほしい。「7・8W」というのは、消費電力の大きさのことだ。

電球が発光などをするために、「7・8W」という電力を消費するということである。従来の白熱電球や蛍光灯などは、発光するために40W、60Wなどの電力を使う必要があったが、近年、少ない電力で明るく発光する電球が普及してきた。その代表格がLED電球である。

LED電球は、例えば、60Wの電球と同等の明るさであっても、消費電力は7・8Wほどで済むのである。ちなみに、これをわかりやすくするため、LED電球の商品パッケージには「7・8W(60W相当)」などと表記されていることがあるので知っておくとよい。

なお、消費電力が少ないということは電気代を安くできるということだ。

一般的に、電気料金は「消費電力×電力使用時間×電力量料金＋基本料金など」で計算できる。

1－7・8÷60＝0・87より、7・8WのLED電球の方が、60Wの電球よりも消費電力は87％少ない。だから、同じ場所で同じ時間だけ使うとすると、LED電球の方が87％も電気代が安くなる（基本料金などを除いて）のである。

つまり、「7・8Wの電球」という「キャッチコピー」は、少ない消費電力で明るく発光できるため、電気代が安くなるということを示していたのだ。

「キャッチコピー」を見かけたら、どのような性質を表した数字であるか確認することが必要である。

ロト6で1等が当たる確率は雷に打たれる確率と同じ？

【嘘を見抜くポイント】「わかりやすい説明」は正しいとは限らない

■ロト6で1等が当たる確率

ロト6は、1から43までの数字の中から異なる6個の数字を選び、その全てが抽選で選ばれた本数字と一致すると1等となる人気の宝くじである。しかし、1等が当たる確率はとても低い。

そのため、その確率の低さは様々なものに例えられている。「コインを投げて22回連続で表が出る確率より低い」「雷に打たれて死ぬ確率と同じ」などのようにである。

このように、確率を他のものに例えて説明されるとわかりやすく感じるものだ。しかし、このような「わかりやすい説明」は嘘かもしれないので、気をつけなければならない。

まず、「ロト6で1等が当たる確率」を計算してみよう。

ロト6は、抽選機の中に入れられた、「1」から「43」までの数字が書かれたボールが順に抽出される形で抽選が行われる。

そのため、例えば「1、2、3、4、5、6」がこの順番で選ばれる確率は、「1」が選ばれる確率43分の1、「2」が選ばれる確率42分の1、「3」が選ばれる確率41分の1、「4」が選ばれる確率40分の1、「5」が選ばれる確率39分の1、「6」が選ばれる確率38分の1であるから、これらを掛け合わせて、43億8944万6880分の1になる。

ここで、当選するには並び順は関係ないので、6つの数字の並び方の数だけ、この確率を足し合わせるとよい。6つの数字の並び方は、全部で6×5×4×3×2×1＝720通りであるから、720×43億8944万6880分の1より、「ロト6で1等が当たる確率」は、「609万6454分の1」と計算できる。

次に、「コインを投げて22回連続で表が出る確率」を計算してみよう。

これは、「コインを投げて表が出る確率」は2分の1であるから、2分の1を22回かけることにより、「419万4304分の1」と計算できる。

計算結果を比較すると、「609万6454分の1」＜「419万4304分の1」なので、「ロト6で1等が当たる確率」は「コインを投げて22回連続で表が出る確率」より低い、ということがわかる。

　ここで大事なことは、「ロト6で1等が当たる確率」と「コインを投げて22回連続で表が出る確率」の両方とも、いつ、どこで、誰が計算しても同じ結果になるということである。このような確率のことを**「数学的確率」**という。

　だから、「ロト6で1等が当たる確率」は「コインを投げて22回連続で表が出る確率」より低い、という説明は**常に「正しい」**と言える。

　このように、「わかりやすい説明」は、その説明の内容が正しいことを確認すべきである。

■雷に打たれる確率

　それでは、「ロト6で1等が当たる確率」は、「雷に打たれて死ぬ確率」と同じくらいだ、という説明は「正しい」だろうか。

　仮に、日本で落雷による死者数が年間20人、人口が1億2000万人だったとすると、「雷に打たれて死ぬ確率」は、20人÷1億2000万人より、「600万分の1」となる。

　よって、「609万6454分の1」≒「600万分の1」なので、「ロト6で1等が当たる確率」≒「雷に打たれて死ぬ確率」となり、この説明も「正しい」ということになりそうである。

〈落雷による死者数の推移〉

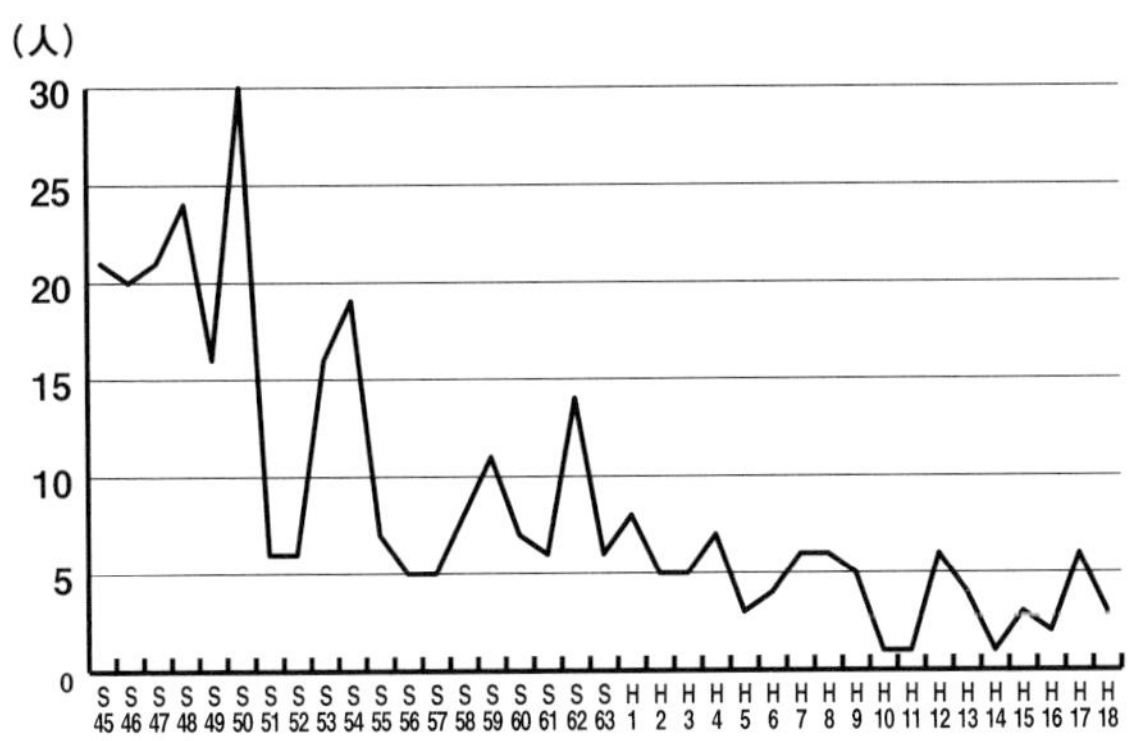

出典：「警察白書〈昭和48年度版～平成18年度版〉」より作成

しかし、ちょっと待っていただきたい。

実際の落雷による死者数を見てみよう。

日本において、落雷による死者数が年間20人もいたのは数十年前のことだ。ここ50年間で激減しており、だいたい半分以下になっている。日本の人口も減少しているが、半分以上減少しているわけではないので、「雷に打たれて死ぬ確率」はこの50年間で低くなっているに違いないのである。

したがって、「ロト6で1等が当たる確率」≒「雷に打たれて死ぬ確率」であるのは、数十年前の日本国内に限られるだろう。

「ロト6で1等が当たる確率」は「雷に打たれて死ぬ確率」と同じくらいだ、という説明はわかりやすいが、いつも正しいとは限らない嘘なのである。

■「統計的確率」に注意

ここで、「雷に打たれて死ぬ確率」のように、経験や測定結果から得られた確率のことを**「統計的確率」**という。この「統計的確率」には注意が必要である。「数学的確率」とは異なり、**時間や場所、人などによって変化する数値**であるからだ。

例えば、高い建物に囲まれた都市部や医療環境が充実している地域、落雷の危険性に関する教育を受けた人の場合だと、「雷に打たれて死ぬ確率」が低くなることは容易に想像できるだろう。

「わかりやすい説明」の中には、「数学的確率」を「統計的確率」を使って説明するなど、必ずしも「正しい」とは言えない嘘もあるので気をつけよう。

■3人寄れば文殊の知恵

「3人寄れば文殊の知恵」は、「1人では無理でも、3人集まって相談すれば、正解する確率が高くなる」ということをわかりやすく説明したものだ。この説明は「正しい」だろうか。実際に計算して確かめてみよう。

まず、ある問題について、A君・B君・C君の3人が自由に答えたとしよう。

正解を○、不正解を×とすると、「○・○・○」、「×・○・○」、「○・×・○」、「○・○・×」、「×・×・○」、「×・○・×」、「○・×・×」、「×・×・×」のどれかになるはずである。

それから、多数決により、3人の答えを最終的に1つにまとめることにする。

このとき、最終的に正解するには、「○・○・○」、「×・○・○」、「○・×・○」、「○・○・×」のどれかである必要があるだろう。

3人とも、この問題に正解する確率がPだとすると、「○・○・○」になる確率はP×P×P、「×・○・○」になる確率は（1－P）×P×P、「○・×・○」になる確率はP×（1－P）×P、「○・○・×」になる確率はP×P×（1－P）である。

よって、最終的に正解する確率Qは、$Q=P^3+3\times P^2(1-P)$と表すことができる。

ここで、「3人寄れば文殊の知恵」が実現するためには、1人で正解する確率（P）よりも、3人で正解する確率（Q）の方が高いことが必要である。

つまり、Q＞P、Q－P＞0、$Q-P=P^3+3\times P^2(1-P)-P=P(1-P)(2P-1)>0$が成立することが必要である。

しかし、これは、0・5＜P＜1のときだけしか成立しない。

つまり、1人で答えて正解する確率が50%以上であるときに限り、1人よりも3人集まった方が正解する確率は高くなるのである。A君・B君・C君の3人ともそれなりに賢い人でなければ、「文殊の知恵」にはならないのだ。

「わかりやすい説明」には、「3人寄れば文殊の知恵」のような格言やことわざなどがよく使われるが、いつも「正しい」とは言えないものもあるので気をつけよう。

街角アンケートは住民の意見を反映しているの？

【嘘を見抜くポイント】「マスコミの調査」は正しいとは限らない

■ゴミ屋敷に悩む街の声

テレビのニュースや情報番組でよく目にするのが、「街の声を聞く」などというコーナーである。ランダムに選んだ一部の住民の意見から、町全体の意見を推測するという調査だ。このようなマスコミの調査に、どのような嘘やデタラメが潜んでいるか考えてみよう。

ある町で、ゴミ屋敷の問題が持ち上がっていた。人口1万人ほどの町である。ゴミ屋敷の住人は、普通のサラリーマン風の人だという。

ゴミ屋敷の状態が長期間続いたために、悪臭など衛生状態が悪化し、町の景観に影響が出ているそうだ。しかし、住人の許可が得られないために誰も対応できないという状況である。

あるテレビ番組が、その町の中で偶然通りかかった人10人に対して調査した。すると、10人のうち7人が「ゴミ屋敷対策の条例を制定してほしい」ということであったという。

〈ランダムに10人選んだときに同意見になる人の割合〉（シミュレーション）

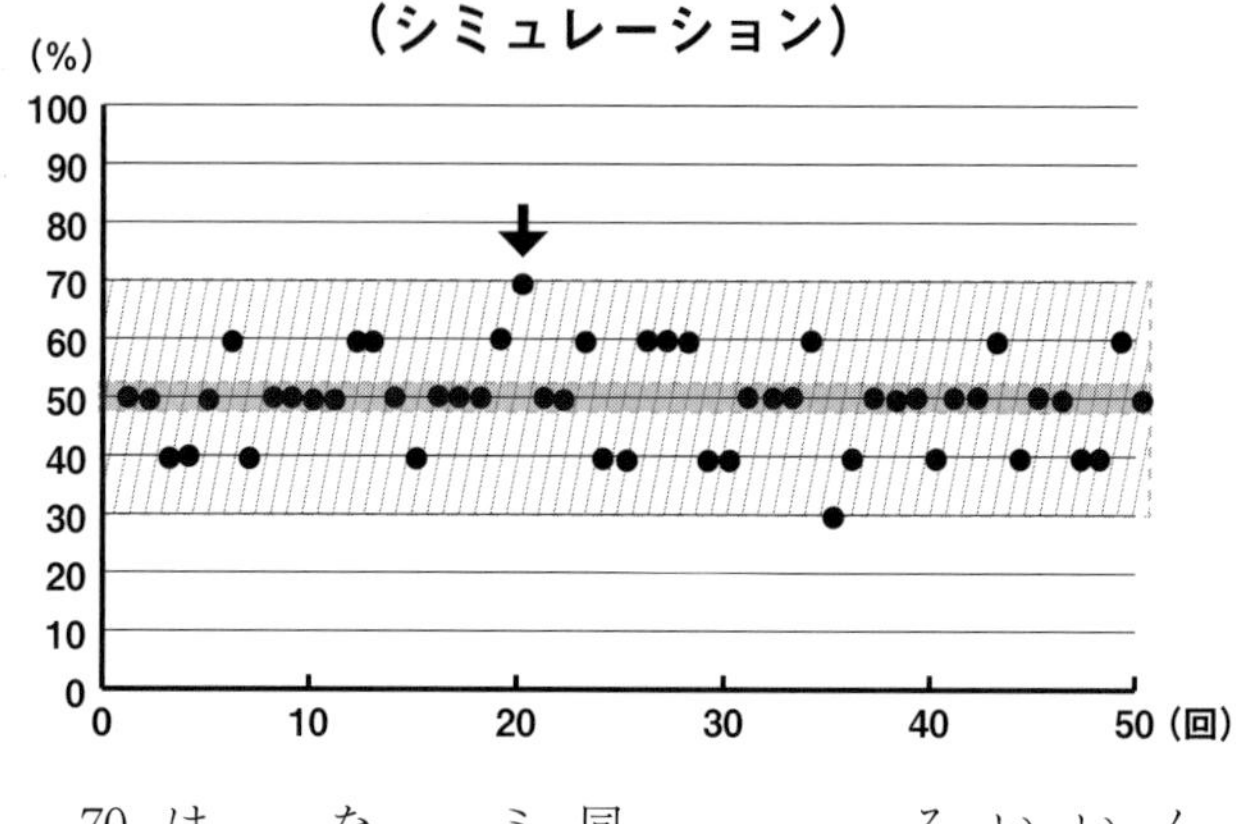

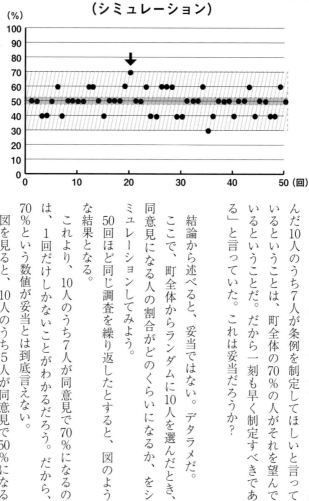

　そこで、その番組では、「町全体からランダムに選んだ10人のうち7人が条例を制定してほしいと言っているということは、町全体の70％の人がそれを望んでいるということだ。だから一刻も早く制定すべきである」と言っていた。これは妥当だろうか？

　結論から述べると、妥当ではない。デタラメだ。

　ここで、町全体からランダムに10人を選んだとき、同意見になる人の割合がどのくらいになるか、をシミュレーションしてみよう。

　50回ほど同じ調査を繰り返したとすると、図のような結果となる。

　これより、10人のうち7人が同意見で70％になるのは、1回だけしかないことがわかるだろう。だから、70％という数値が妥当とは到底言えない。

　図を見ると、10人のうち5人が同意見で50％になることが最も多いので、50％が妥当であろう。実は、このシミュレーションの設定は町全体の全住民の50％を同意見としたものであるので、これは正しい推測値であると言える。

このことは、10人ほどの調査結果から町全体の実態を推測するためには、何回も同じ調査を繰り返す必要があることを示している。

したがって、このようなマスコミの調査は、何回も繰り返さなければ、実態とは大きく異なる嘘の結果になる可能性があるので注意が必要である。

■ランダム・サンプリング

このように、全体の傾向を推測するために、全体の中から一部だけをランダムに抽出することを**「ランダム・サンプリング」**という。

先ほどのマスコミの調査について、何回も繰り返して調査をすることができないとしよう。1回だけの調査で、なるべく実態に近い推測値を導くためには、どうすべきであろうか。

先ほどは、1回あたりランダムに10人を選んで意見を聞いていた。それでは、100人、1000人と選ぶ人数を増やしたらどうなるだろうか。

選ぶ人数だけを変えて、他は先ほどと同じ設定でシミュレーションを行ってみよう。次のページを見てほしい。

〈ランダムに 100人選んだときに同意見になる人の割合〉
（シミュレーション）

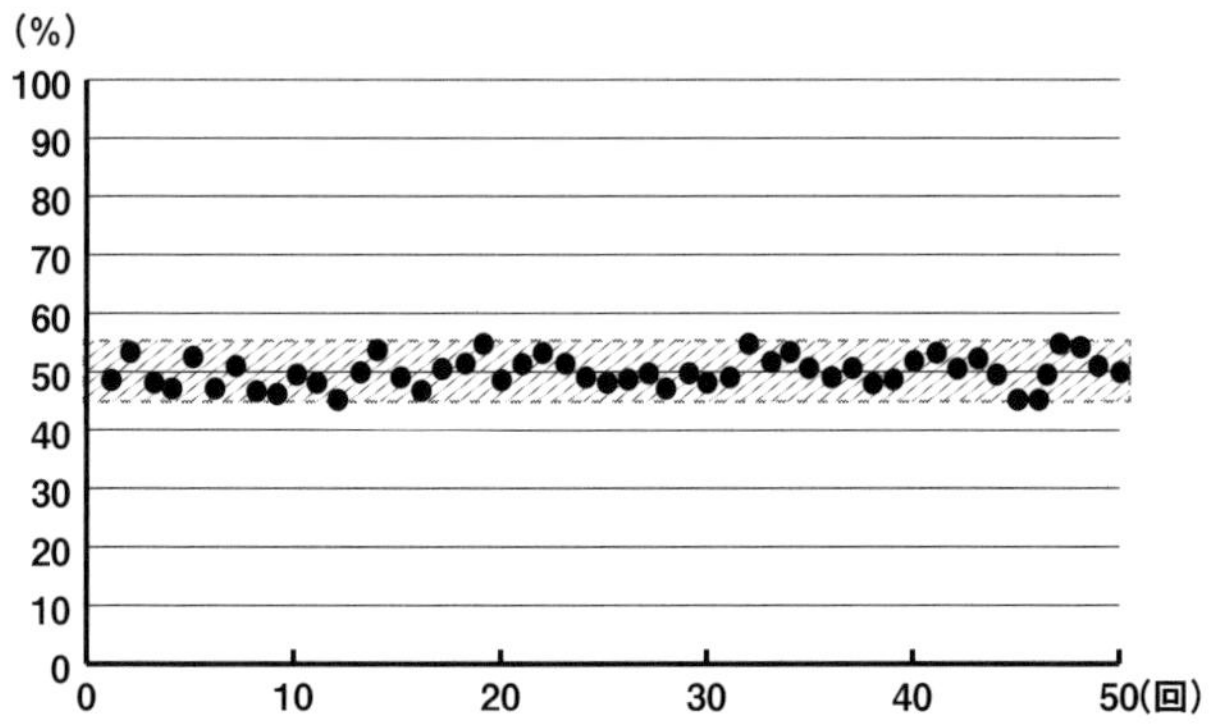

〈ランダムに1000人選んだときに同意見になる人の割合〉
（シミュレーション）

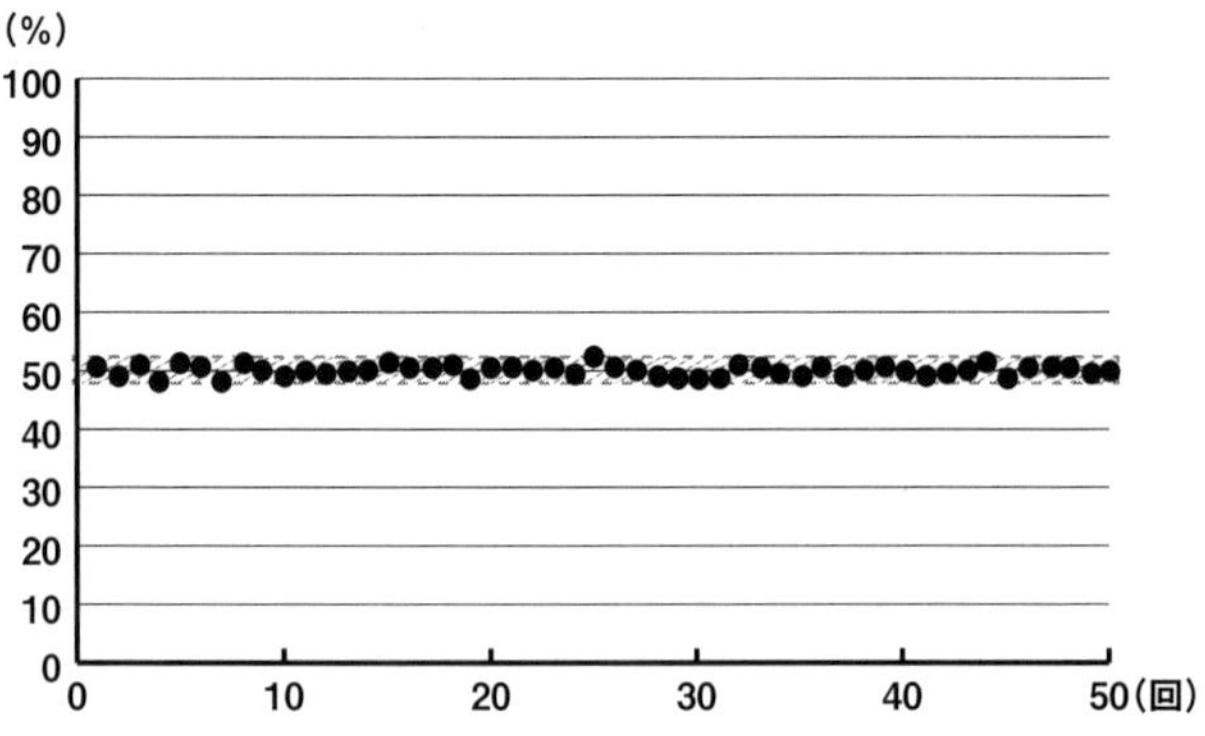

結果は一目瞭然である。10人の場合には30～70％の推測値であったが、100人では44～56％、1000人では48～52％の推測値になったのである。実際の割合（シミュレーションの設定）は50％であった。したがって、1回だけの調査であっても、選ぶ人数が多いほど実態に近い推測値になりやすいことがわかる。

ランダムに選ぶ調査が1回だけしかできない場合、**なるべく実態に近い推測値を導くためには1000人ほどの規模が必要**だと考えるのが妥当だろう。

■知事の支持率51％

ある都道府県の知事は「支持率51％」に上がったそうだ。これは、全住民のうち1000人ほどの調査によって明らかになったものである。調査は、RDD方式で行われたという。RDDとは、「ランダム・デジット・ダイヤリング」の略であり、コンピューターで無作為につくった番号に電話をかけて調査するものである。つまり、「ランダム・サンプリング」の1つである。これによって、全住民の「支持率51％」が推測されたということだ。

しかし、素直に喜べる結果と言えるだろうか。

先ほどのシミュレーション結果を思い出そう。「ランダム・サンプリング」による調査では、1000人を選んでも、推測値は4％ほどの範囲にわたってばらつくのである。

〈支持率のばらつき〉
（シミュレーション）

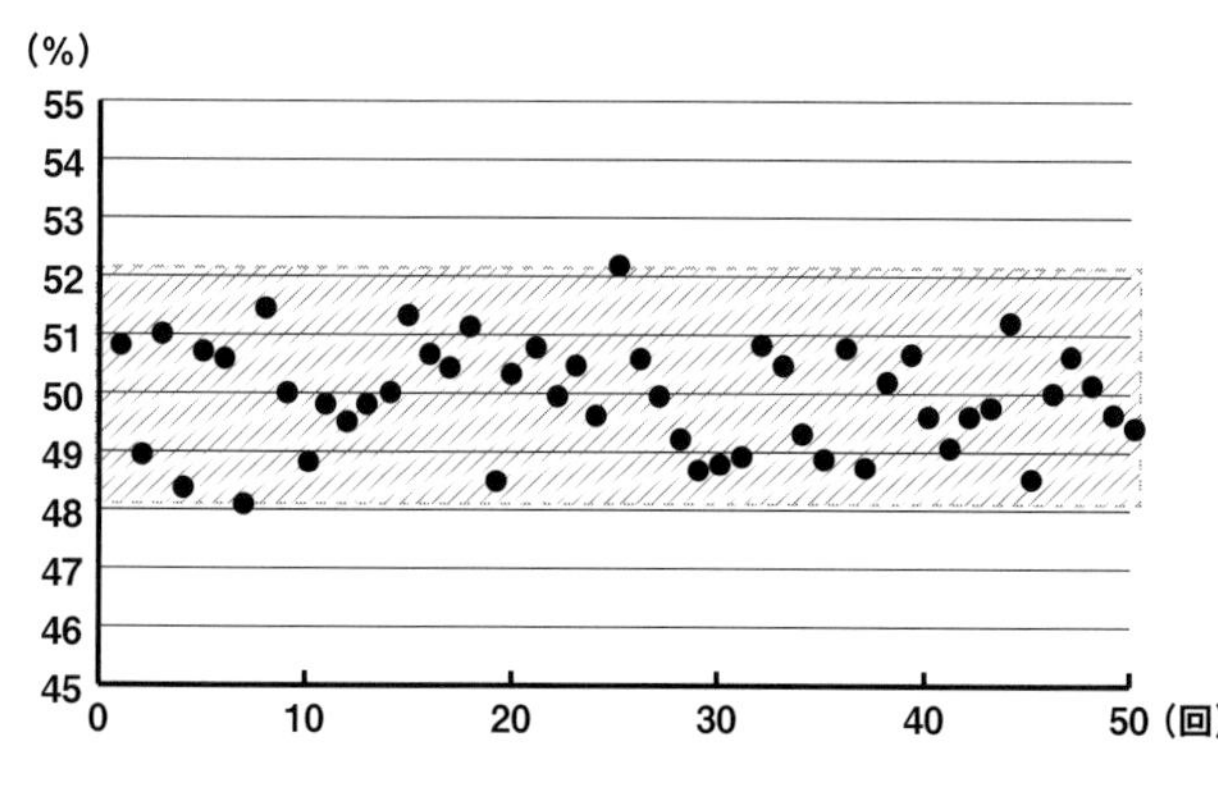

また、実際の支持率をｘ％とすると、推測値は（ｘ－２）％から（ｘ＋２）％の間になることがわかる。

グラフを拡大して見るとわかりやすいだろう。

この範囲内に「支持率51％」があるということだから、ｘ－２≦51≦ｘ＋２より、49≦ｘ≦53と計算できる。つまり、実際の支持率は49～53％と考えるべきなのである。実際には、過半数の支持を得ていない可能性があるのだ。それなのに「過半数の支持を得た」と言っていたとしたら、それは嘘である。

このように、マスコミの調査の特徴をよく理解しておいて、安易に信じないように気をつけよう。

「手洗い」で死亡率が下がった？

【嘘を見抜くポイント】数字にどのような関係があるか確認しよう

■病棟と死亡率の関係

「手洗い」は、感染症の拡大を防ぐために最も効果的な方法の1つだ。厚生労働省では、せっけんなどを使って30秒ほど手を洗い、流水ですすぐよう推奨している。

今の日本では常識となった「手洗い」であるが、かつてはそうでなかったことをご存知だろうか？　19世紀半ばまで、「手洗い」の習慣はなかったのである。「手洗い」をするようになったのは、つい最近のことなのだ。

衛生上の問題を解決するために「手洗い」が有効であることを発見したのは、ハンガリー人医師のゼンメルワイス・イグナーツである。

きっかけは、病棟ごとに死亡率が大きく異なることに気づいたことであった。どういうことかというと、彼が勤めていた病院には、第1産科と第2産科という2つの産科病棟があり、子

〈ゼンメルワイスが着目した産科病棟別産褥熱死亡者数〉

	第1産科			第2産科		
(年)	出生数	死亡数	死亡率(%)	出生数	死亡数	死亡率(%)
1841	3,036	237	7.8	2,442	86	3.5
1842	3,287	518	15.8	2,659	202	7.6
1843	3,060	274	9	2,739	164	6
1844	3,157	260	8.2	2,956	68	2.3
1845	3,492	241	6.9	3,241	66	2
1846	4,010	459	11.4	3,754	105	2.8

どもを産んだばかりの母親が産褥熱(さんじょくねつ)という病気で亡くなることがあった。その死亡率について、第1産科の方がはるかに高い傾向があったのである。「病棟と死亡率の数字には、深い関係がありそうだ」ということである。

ここで、病棟と死亡率の数字のように、**2つのものが密接にかかわりあっていることを「相関」という**。彼は「病棟と死亡率には相関関係がある」ということに気づいたのだ。

■「手洗い」は非常識だった

ゼンメルワイスは、なぜ病棟と死亡率には「相関関係」があるのか、調査を始めた。

「精神面の問題」などという噂があったが、彼が目をつけたのは「医師の手に付いた病原菌」である。

第1産科の医師だけが、患者の診察やお産に対応する前に死体の解剖実習を行っていたのだが、当時は手を洗う習慣がなかった。そのため、解剖の時に付着した病原菌がそのまま病棟に持ち込まれ、患者にうつったのではないかと考えたのである。そして、それは正しかった。「手洗い」を導入すると、第1産科の死亡率が劇的に低下したのである。「精神面の問題」などという噂は嘘だったのだ。

ちなみに、それでも「手洗い」は当時の医学界では受け入れられなかったため、ゼンメルワイスは排斥を受け、不遇な人生のまま生涯を終えることになった。このことから、通説や常識では説明できない事実が受け入れられない傾向があることは「ゼンメルワイス反射」という専門用語になっている。

このように、「相関関係」を発見し、「相関関係」の原因を調査する手法は、衛生上の問題などを解決するために役に立つものである。

■水道業者と死亡率の関係

「相関関係」を発見し、「相関関係」の原因を調査する手法が有効であることを説明したが、その原因がすぐには見つからないことがある。

19世紀のロンドンでは、「コレラ」が流行していた。「コレラ」は、コレラ菌が人間の排泄物とともに水に流され、それを飲むことなどで感染する病気だ。

しかし、当時は原因がよくわかっておらず、様々な嘘の情報が出回った。当時の人々の中には、「大気汚染」と「コレラの流行」には相関関係があるという噂が広まり、「コレラの流行」は「大気汚染」が原因なのではないか、と疑う者もいた。そこで、汚れた空気に気をつけるなど、「大気汚染」に関する対策を講じてみたものの効果があがらなかったという。

そんな中、医師のジョン・スノーは、患者の様子や発生場所を調査していたところ、「水道業者と死亡率には相関関係がある」ことを発見した。A社の水を飲んでいる家庭では、B社の水を飲んでいる家庭に比べて8～9倍も死亡者が多かったのである。

そこで、彼は、「原因は空気ではなく、水ではないか」と推測し、A社の水道を使わないように対策を講じた。すると、大きく改善したのである。

ジョン・スノーは、「水道業者と死亡率には相関関係がある」ことから、「原因は水にあるかもしれない」と推測したが、本当の原因まではわからなかった。本当の原因は、水の中にあるコレラ菌であったが、彼の使っていた顕微鏡ではコレラ菌を発見することはできなかったのである。本当の原因がわかったのは、彼の死後30年ほど経ってからのことだ。

「相関関係」がわかっても、「相関関係」の原因がすぐに見つかるとは限らないのである。

公衆衛生上の緊急事態など、状況によっては、たとえ原因がわからなくても、「相関関係」だけで対策を講じる必要があるのだ。

■スマホが学力を破壊する？

内閣府の調査によれば、スマホを日常的に利用する学生は年々増加しており、近年では、小学生の約半数、中学生の約75％が利用しているそうだ。

そんな中、次のページのような調査結果が得られるようになってきたという。

この調査結果は、スマホを使う時間が長い生徒ほど、数学の平均正答率が低い傾向があることを示している。また、この傾向は数学だけでなく他の教科でも見られることがあるそうだ。つまり、「スマホの利用時間と学力には相関関係がある」ことがわかってきたのである。

大変気になる調査結果であるが、なぜスマホの利用時間と学力には「相関関係」があるのか、は明らかになっていない。「相関関係」がわかっても、「相関関係」の本当の原因はわかっていないのである。

一説では、睡眠不足が影響しているという。スマホで動画を観たり、ゲームをしている時間が長くなると、どうしても睡眠時間が削られてしまう。2時間ほどの睡眠不足であっても、お酒を飲んでほろ酔いの時と同じくらいの脳の働きになってしまうため、意欲や思考力、記憶力などが低下するというのである。

確かに、「相関関係」の本当の原因は見つかっていない。しかし、「子どもの学力」に関わる大切な問題である。スマホの利用時間を減らす対策を検討すべきであろう。たとえ原因がわか

〈中学生の1日のスマートフォンの使用時間と平均正答率〉（数学A）

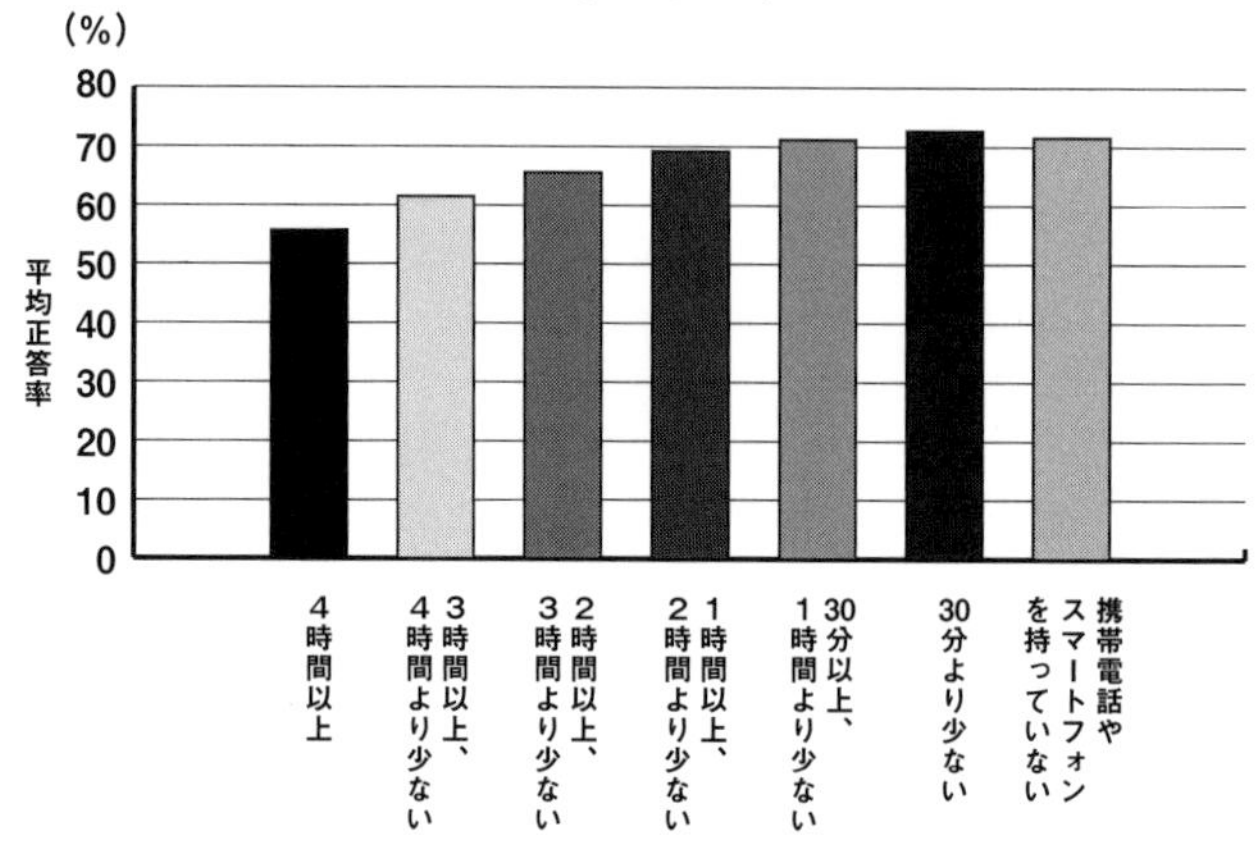

〈中学生の1日のスマートフォンの使用時間と平均正答率〉（数学B）

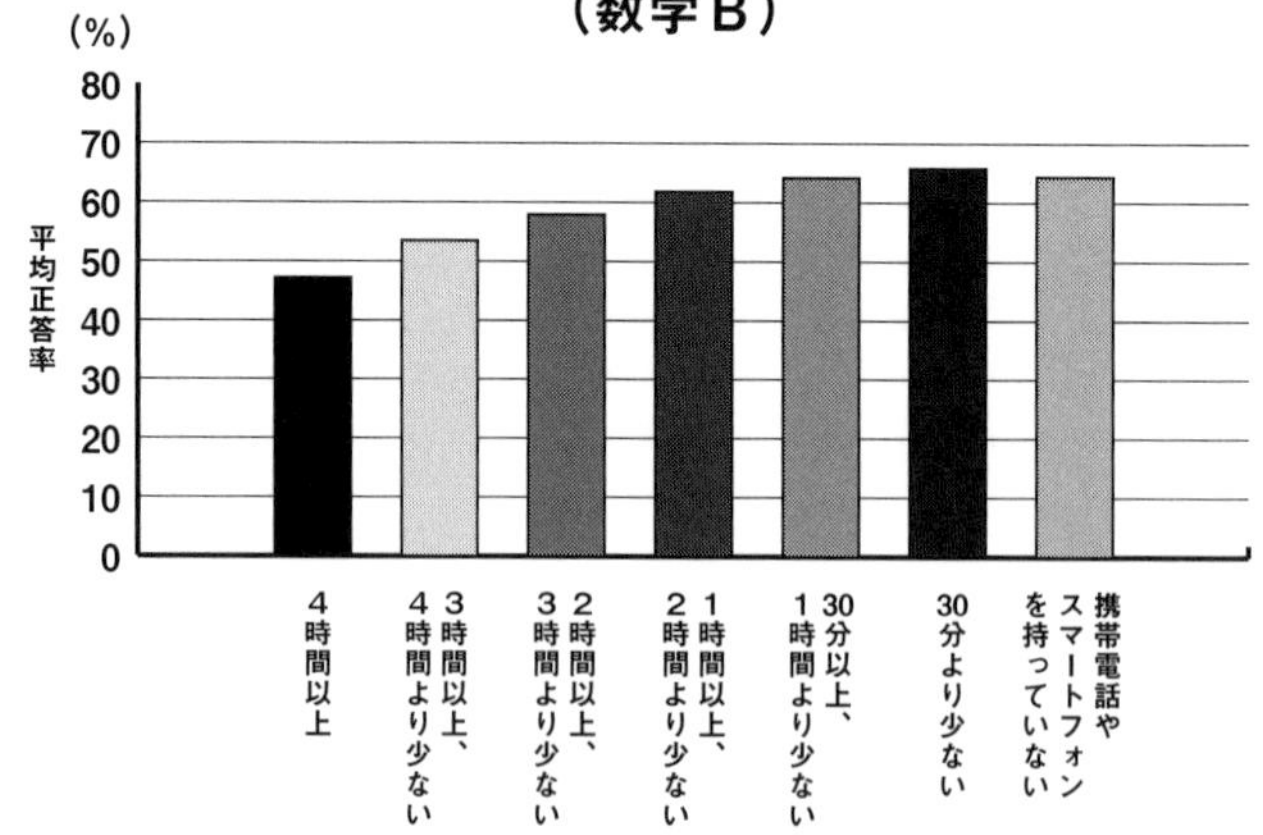

出典：「平成２６年度全国学力・学習状況調査」（国立教育政策研究所）（https://www.nier.go.jp/14chousakekkahoukoku/factsheet/middle/）より作成

らなくても、「相関関係」だけで対策を講じなければならないことがあるのだ。

■因果関係があるとは限らない

ただし、注意が必要である。

数学の平均正答率を上げるためにスマホの利用時間を減らす対策は、「数学の平均正答率が低い」ことの原因が、「スマホを使う時間が長い」場合にのみ効果がある対策なのである。

しかし、もしかすると、「スマホを使う時間が長い」原因が、「数学の平均正答率が低い」ことであるかもしれない。そうだとすれば、スマホの利用時間を減らすことは有効な対策ではないということになるが、先ほどのグラフだけではその可能性を否定できない。

数学の点数が低かった生徒は、自分の出来が悪いことをスマホのせいにして、スマホの利用時間を実際よりも長めに答えていた可能性があるのだ。

もし、そうだとすると、「スマホの利用時間が学力に影響した」のではなく、「学力がスマホの利用時間に影響した」ことになるので、スマホの利用時間を減らす対策をしても数学の点数が変わるかどうかはわからない。したがって、この場合、数学の平均正答率を上げるためにスマホの利用時間を減らす対策は、有効な対策とは言えないだろう。

また、次のような場合にも、有効な対策とは言えないことになる。

それは、「スマホの利用時間が学力に影響した」と「学力がスマホの利用時間に影響した」のどちらでもない場合だ。ここで、**2つのうち片方のデータがもう片方のデータに対して影響を及ぼしていることを「因果」という。**

つまり、「スマホの利用時間と学力には因果関係がない」場合だ。

例えば、「学力」の原因が、「スマホの利用時間」ではなく、食事や学習教材など全く別のものだった場合にはそうなる。もしそうだとすると、食事や学習教材などの対策を講じなければならないことになるだろう。当然、スマホの利用時間を減らす対策は、有効な対策とはならない。そして、それは現実に起こりうる事態である。

「学力」と「スマホの利用時間」の2種類のデータを比較してみると、偶然、2つのデータが密接にかかわりあっているように見えるだけかもしれないのだ。

偶然、「相関関係」が見られるだけで、「因果関係」は無いかもしれないのである。先ほどの「大気汚染」と「コレラの流行」のように、「因果関係」がなくても「相関関係」があるように見えることは実際にありうるのだ。

「学力」と「スマホの利用時間」に「相関関係」があると、「学力が低い原因はスマホの利用時間が長いからだろう」などと「因果関係」があることを期待してしまいがちなので、注意が必要である。**「相関関係」があっても、「因果関係」があるとは限らない**のだ。

第5章

自然にまつわる数字の嘘

世界で一番高い山はエベレストではない？

【嘘を見抜くポイント】どのようなはかり方をした数字であるか確認しよう

■世界一高い山エベレスト

「エベレスト」は、標高８８４８ｍ、インド北部のヒマラヤ山脈にある山である。「世界一高い山」＝「エベレスト」は常識だと思っていないだろうか？

残念ながら、その常識は嘘だ。なぜなら、高さの測り方によっては、他の山が「世界一高い山」になるからである。

まず、「エベレスト」が世界一の高さになるのは、平均海面を仮想的に陸地に延長した面（「ジオイド」という）から山頂までの距離を測定した場合に限られる。具体的に言うと、８８４８ｍという数値は、「地球の中心からエベレストの山頂までの距離」から「地球の中心からエベレスト地点のジオイドまでの距離」を引いたものなのである。

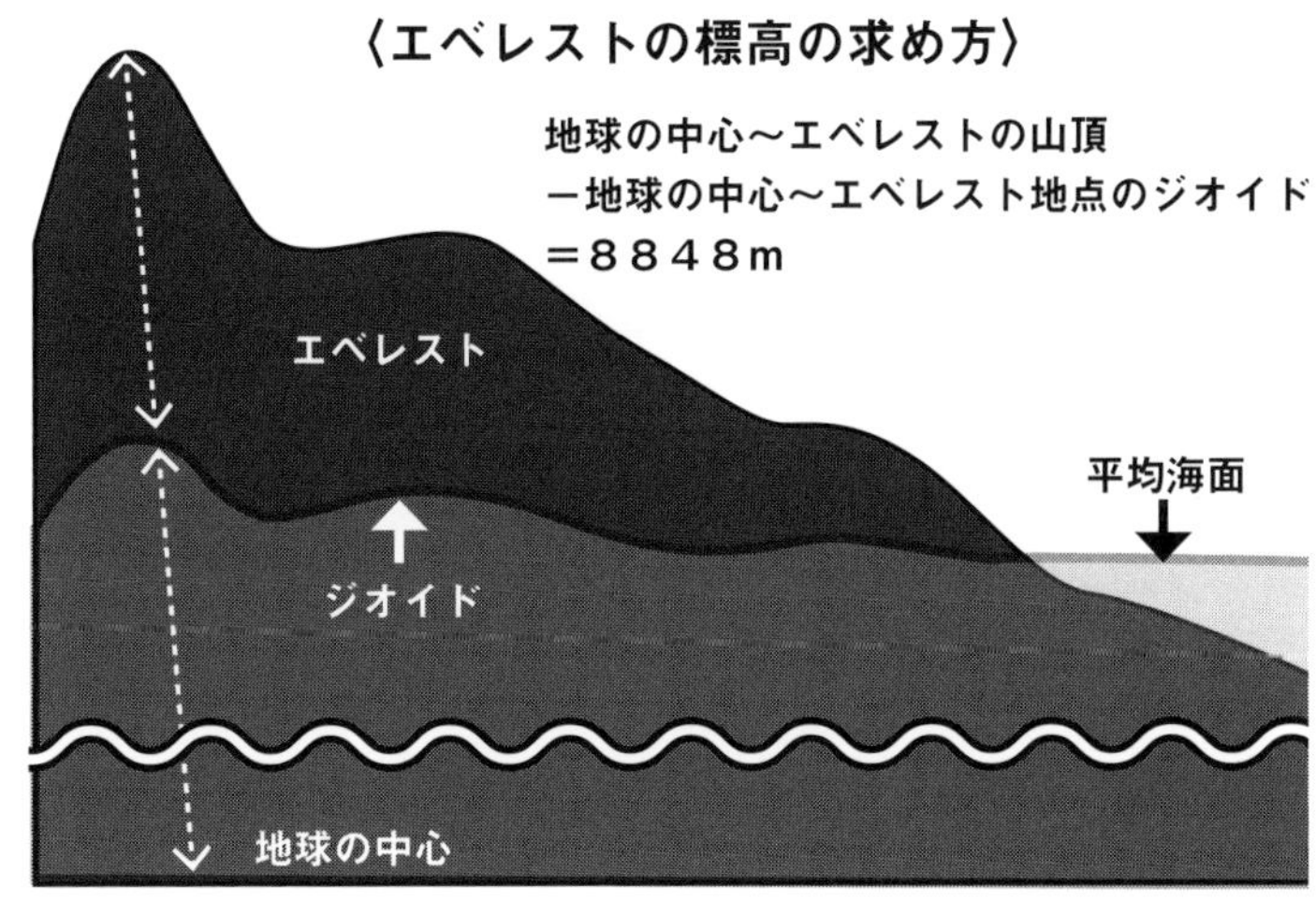

■世界一高い山は他にもある

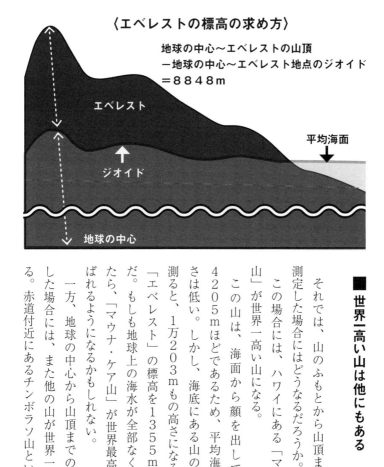

それでは、山のふもとから山頂までの距離を測定した場合にはどうなるだろうか。

この場合には、ハワイにある「マウナ・ケア山」が世界一高い山になる。

この山は、海面から顔を出しているのは４２０５mほどであるため、平均海面からの高さは低い。しかし、海底にある山のふもとから測ると、１万２０３mもの高さになるのである。「エベレスト」の標高を１３５５mも上回るのだ。もしも地球上の海水が全部なくなったとしたら、「マウナ・ケア山」が世界最高峰の山と呼ばれるようになるかもしれない。

一方、地球の中心から山頂までの距離を測定した場合には、また他の山が世界一高い山になる。赤道付近にあるチンボラソ山という山だ。

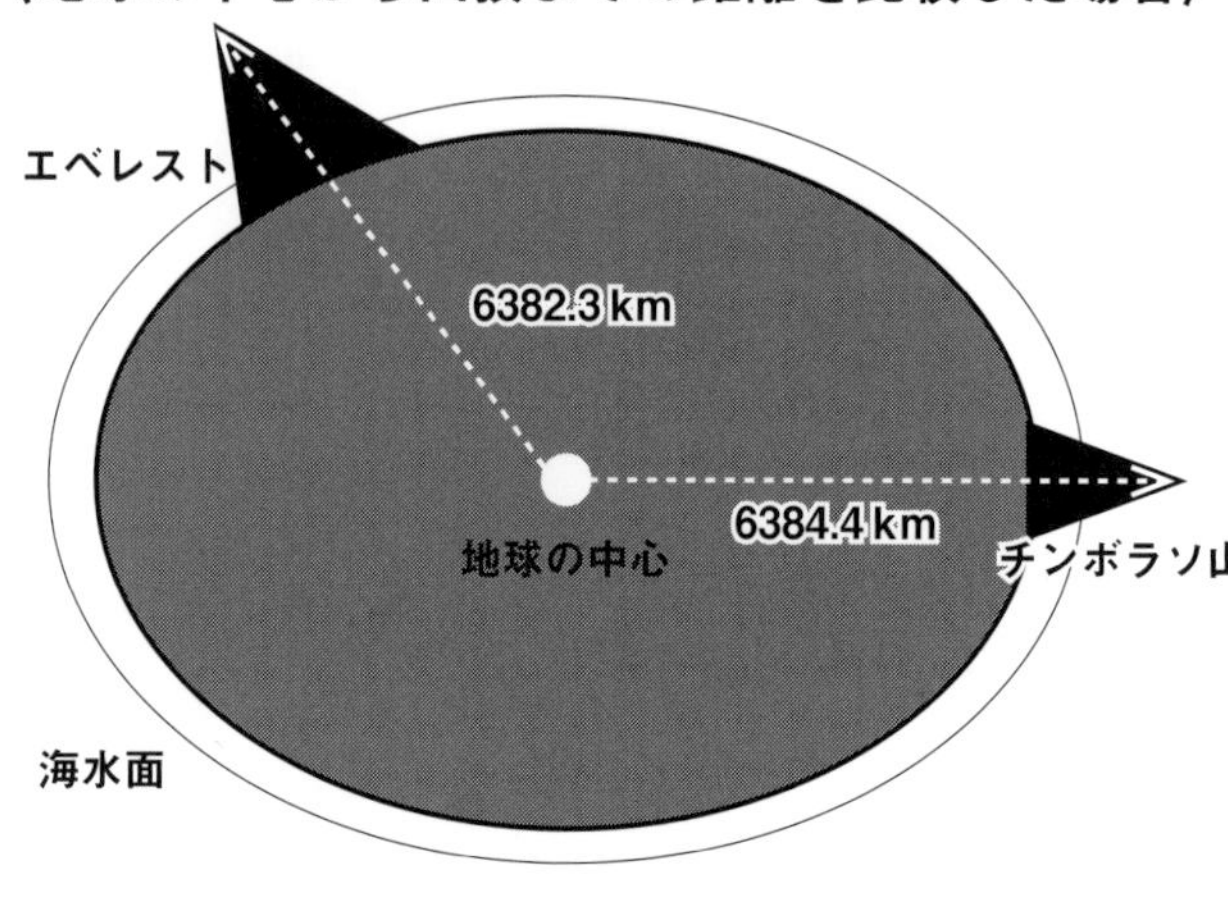

この山は、標高は6310mほどにすぎないが、地球の自転の影響を受けるために世界一高くなる。どういうことかというと、地球の自転により生じる遠心力のため、赤道付近が大きく外にふくらみ、赤道付近は緯度の高い地域に比べて地球の中心からの距離が遠くなるのである。

このように、**測り方によって、「世界一高い山」は異なる**。「世界一高い山」＝「エベレスト」とは限らないのである。どのような測り方をしたものであるか確認するように心がけよう。

■山の斜面

「測り方によって結果が異なる」ということは常に肝に銘じておかなければならない。

ある山の断面図を調べたら、山の斜面の角度が30度以上あったという。

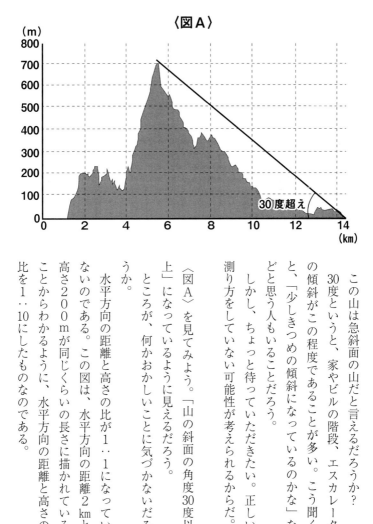

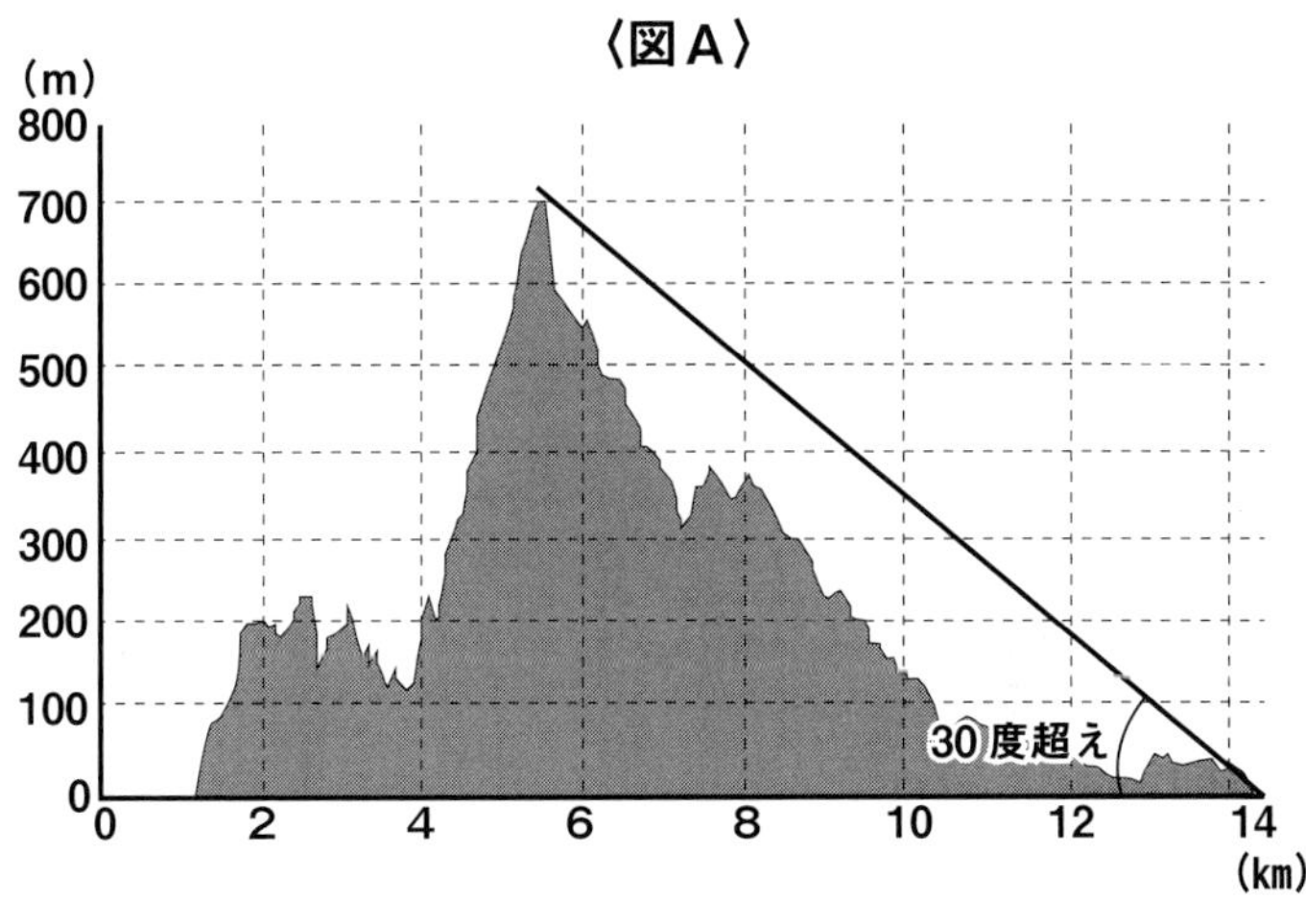

この山は急斜面の山だと言えるだろうか？

30度というと、家やビルの階段、エスカレータの傾斜がこの程度であることが多い。こう聞くと、「少しきつめの傾斜になっているのかな」などと思う人もいることだろう。

しかし、ちょっと待っていただきたい。正しい測り方をしていない可能性が考えられるからだ。

〈図A〉を見てみよう。「山の斜面の角度30度以上」になっているように見えるだろう。

ところが、何かおかしいことに気づかないだろうか。

水平方向の距離と高さの比が1：1になっていないのである。この図は、水平方向の距離2㎞と高さ200ｍが同じくらいの長さに描かれていることからわかるように、水平方向の距離と高さの比を1：10にしたものなのである。

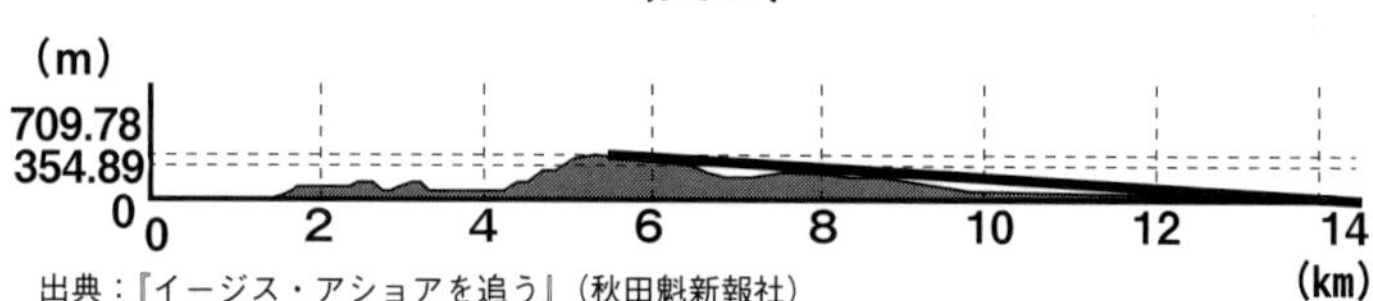

出典：『イージス・アショアを追う』（秋田魁新報社）

当然、現実の世界は1：1だ。つまり、この〈図A〉は、高さ方向に引き延ばされて歪んだ形になっているのである。そんな歪んだ形の山を測っても、正しい数値が得られるはずがないだろう。

〈図B〉のように、きちんと水平方向の距離と高さの比を1：1にしたもので測ることが必要である。すると、山の斜面の角度は4度ほどとなり、実際にはゆるやかな山であることがわかるだろう。

「そんなのあたりまえだ」と思う人もいるかもしれない。しかし、十分注意が必要である。

同様の間違いを防衛省の職員が起こしていたのだ。新型迎撃ミサイルシステム「イージス・アショア」をめぐる問題である。

その配備先を選ぶにあたっては、弾道ミサイルを探知・追尾するためにレーダーを放ったとき、近くの山が障害にならないか評価する必要がある。そのとき、同様の間違いにより、本来はゆるやかな山を、急峻（きゅうしゅん）で障害になる山と誤って評価していたのだ。

「山の斜面の角度」などのように、**図形を表す数字は、どのようなはかり方をしたものであるか確認することが必要**である。

野生動物の生息数はなぜわかるの?

【嘘を見抜くポイント】暗数に注意しよう

■クマの生息数

日本全国に「クマ」がどのくらいいるか想像できるだろうか?

各自治体の調査によれば、北海道に「ヒグマ」が3000頭ほど、本州に「ツキノワグマ」が1万5000頭ほど生息しているそうだ。

「そんなにいるのか」「思ったよりも少ないな」と驚く人もいるかもしれないが、それよりも、「どうもピンとこない数字だ」と首を傾ける人の方が多いに違いない。たいていの人にとって、「クマ」は身近な存在ではないからだ。ときどき動物園で見かけるぐらいの存在ではないだろうか。

このように、身近な存在ではないものの数には注意が必要だ。**「暗数」**が大きい可能性が高いからである。**「暗数」とは、実際の数と認知されている数の差のことだ。**身近な存在ではな

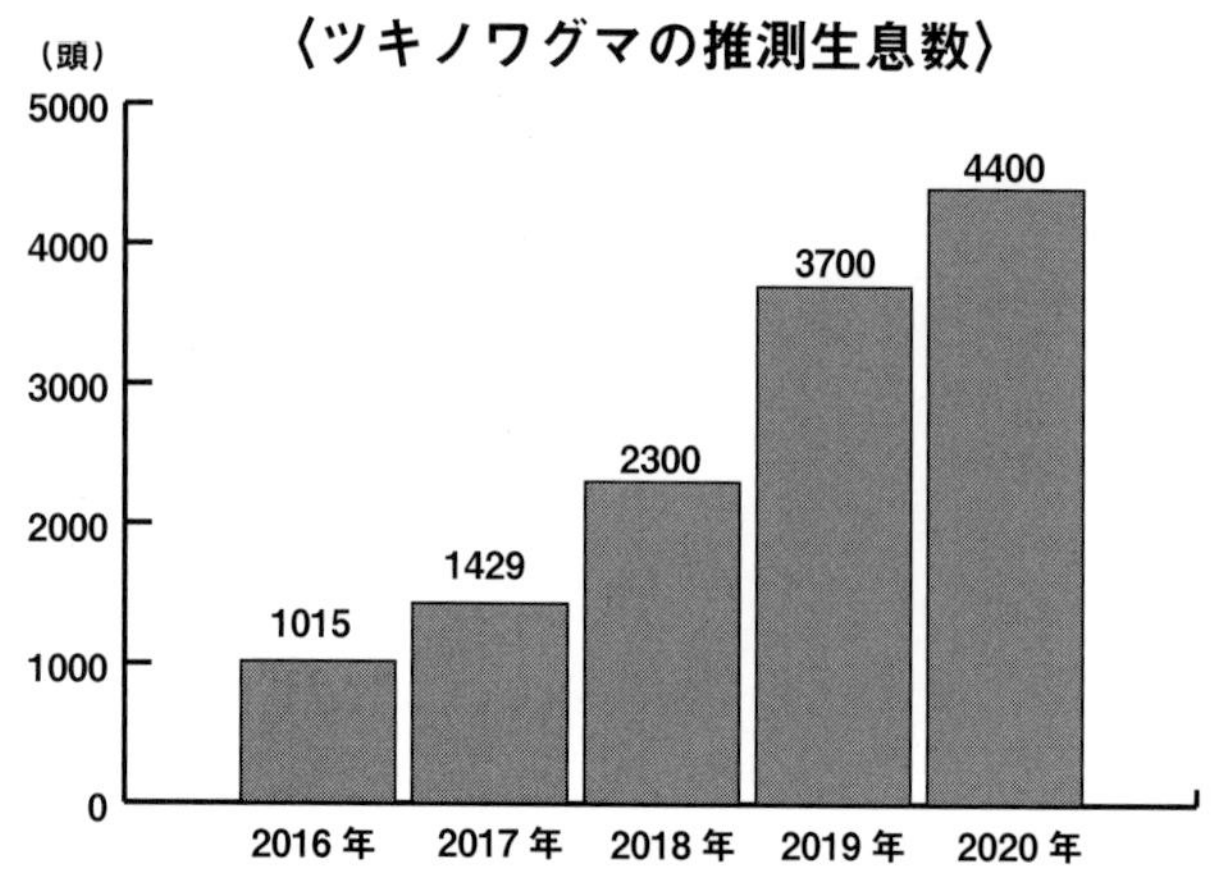

出典：くまもりＮＥＷＳ（http://kumamori.org/news/category/%E3%81%8F%E3%81%BE%E3%82%82%E3%82%8Anews/53499/）より作成

いため、実際には多いのに「少ないだろう」などと勘違いしがちである。

実は、近年、「ツキノワグマ」の生息数についても「暗数」が大きいことが明らかになった。秋田県内で１０００頭ほど生息していると推測されていたにもかかわらず、１２９２頭が新たに捕獲された（２０１６年に４７６頭、２０１７年に８１６頭）のである。

また、その後も目撃情報が１０００件以上と相次いだという。だから、１０００頭ほどと推測されていた数は嘘であり、実際の生息数はそれよりもずっと多い可能性が高いことが明らかになったのである。

それでは、「暗数」はどうして発生するのだろうか。その一因は、数の数え方、すなわち調査方法にある。最も典型的な調査方法について考えていこう。

〈区画法〉

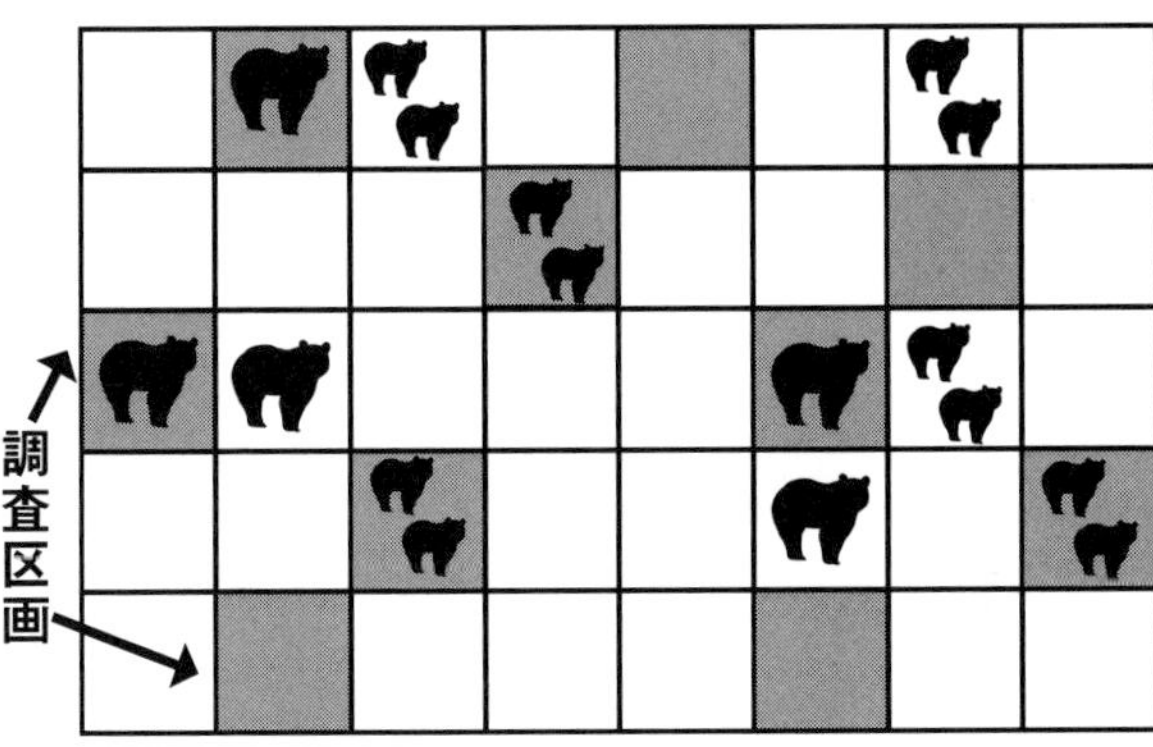

■区画法

動物園にいる動物であれば別だが、広い地域に生息する野生動物を全部数え上げることは困難である。そこで、生息地域の一部分に生息する数だけを数え、それから全生息数を推定する方法が採られることがある。これが、**「区画法」**である。

実際にやってみよう。

まず、生息地域を600区画（1区画3×3㎞）ほどに区分けする。このうち、150区画をランダムに抽出し、「調査区画」とする。そして、それぞれの調査区画内を調査し、発見した動物の数を数えるのである。

例えば、150区画で合計250頭のツキノワグマが発見されたとしよう。この場合、生息地域全体（600区画）では、250÷150×600＝1000となることから、全生息数を1000頭と推定するのである。

秋田県で採用されていた方法もこれと同様のものだが、この「区画法」には欠点がある。区画をまたいで自由に行き来したり、逃げたりしやすい性格の動物には適していないのである。ある区画で発見された動物が、別の区画に移動してそこで発見されたら、本来は1頭であるのに2頭としてカウントされてしまう。また、すぐに隠れてしまうようだと、そもそもカウントされないだろう。

ツキノワグマは、通常、人間を恐れているものである。臆病な性格なのだ。そのため、秋田県では、調査区画内に複数名のハンターが入り、隠れているクマをおびき出したりして調査していた（**追い出し直接観察法**という）のだが、それでも数え漏れが相当数あったに違いない。そのようなツキノワグマの性格が影響し、「区画法」により推測された生息数は実際の生息数よりもずっと少なかった、つまり、大きな「暗数」が発生したと考えられる。

■標識再捕獲法

それでは、「ツキノワグマ」の実際の生息数はどのくらいであろうか。

秋田県では、2017年から調査方法を見直し始めた。見直しが進むにつれ、推定生息数は

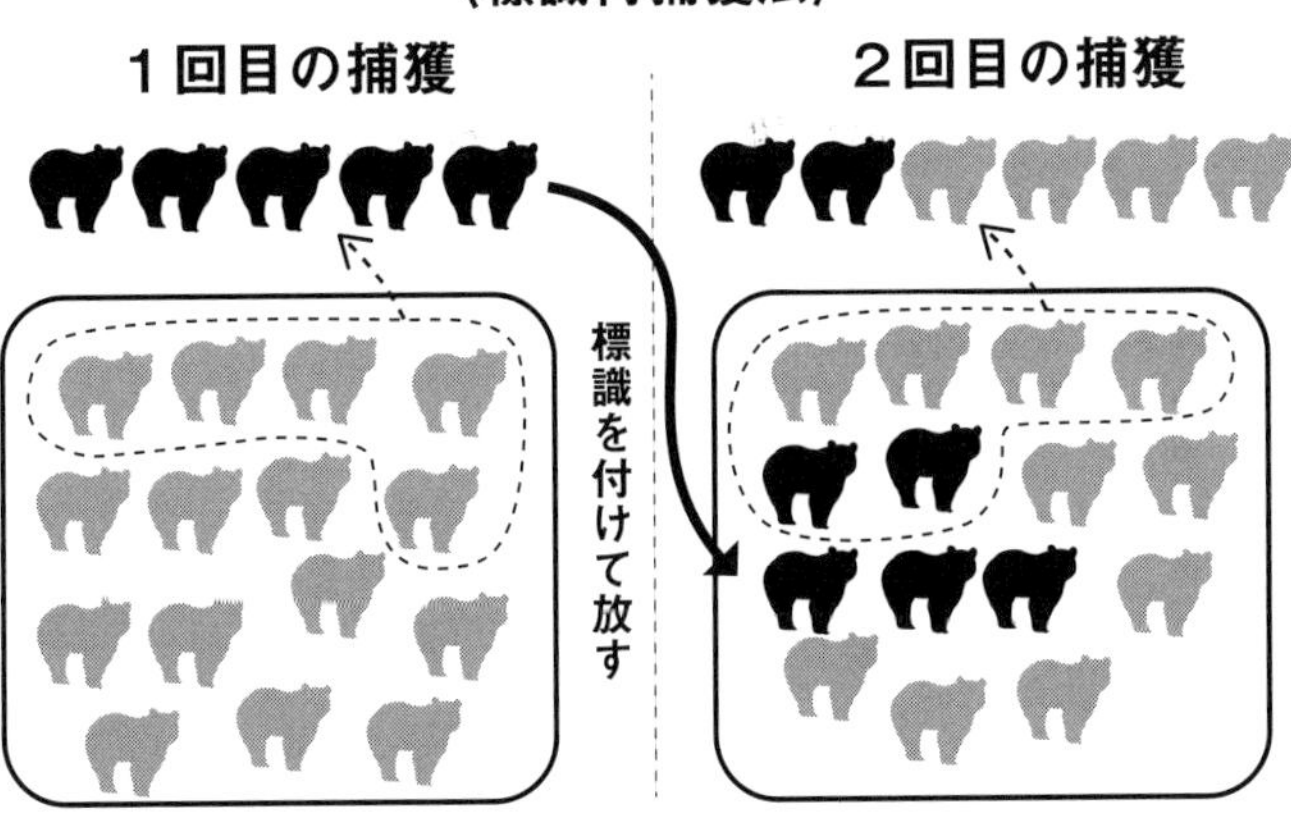

増え続け、2020年4月時点では4400頭となっている。

有効な調査方法の候補として挙げられているのが、「標識再捕獲法」である。

「標識再捕獲法」は、次のように個体数を推定できる。

①いくらかの個体を捕獲する。
②標識を付けて放す。
③しばらくしてから、再びいくらかの個体を捕獲する。
④再捕獲した個体のうち、標識が付いている個体がどのくらいいるか調べる。
⑤1回目の標識個体数と2回目に捕獲した個体数を掛け、それを再捕獲した標識個体数で割る。

例えば、図の場合だと、全個体数は、5×6÷2＝15より、15頭と推測できることになる。ただし、「ツキノワグマ」の場合は、捕獲して標識を付けることは難しい。そのため、カメラで撮影する方法（カメラトラップ法という）などが採られている。ツキノワグマの特徴である胸の模様は個体によって異なるため、それを撮影しておけば個体の識別ができるので、標識を付ける必要はないのである。

数をきちんと数えるためには工夫が必要なのだ。**どのような方法で数えられた数字であるか確認するようにしよう。**

天気予報の的中率は85％？

【嘘を見抜くポイント】未来予測を頼りにしてはいけない

■降水確率0％

ある朝、テレビの情報番組を見ていたときのことである。

天気予報の「降水確率０％」について、あるコメンテーターが、「今日は雨が降らないので、お出かけ日和ですね」などと言っていた。残念ながら、このコメンテーターは嘘つきであると言わざるをえない。なぜなら、「降水確率０％」は、雨が全く降らないということではないからである。

「降水確率０％」は、ある時間内に１㎜以上の雨が降る確率が０％ということだ。だから、１㎜未満の雨は降るかもしれないのである。

これは、「降水確率０％」と予報されていたのに雨が降ったとしても、結果的に降水量１㎜未満であれば、その予報は正しかったとみなされるということだ。

〈2019年東京の天気〉

	1㎜以上の雨（日数）	1㎜未満の雨（日数）	雨なし（日数）
7月	17	12	2
8月	10	9	12
9月	9	11	10
計	36	32	24

ちなみに、1㎜の雨が降るということは、簡単に言うと、1㎡の地面に1ℓの雨が降るということを意味している。

例えば、0・5㎜の雨が降ったとしよう。これは、1㎡の地面に0・5ℓの雨が降ったということなので、この雨を全部浴びていたら500㎖のペットボトルに入った水を浴びたようになっていただろう。1㎜未満の雨であっても、ビショビショに濡れる可能性があるので気をつけなければならないのである。

また、1㎜未満の雨の日は意外に多いことをご存知だろうか。

上の表を見ていただきたい。この表は、2019年7月～9月の東京の雨の状況を示したものであるが、雨が全く降らなかった日が24日である一方、1㎜未満の雨の日は32日もあることがわかる。計56日は「降水確率0％」の予報は正しかったとみなされることになるわけだが、そのうちの半分以上は実際には雨が降っていたのである。

「降水確率0％」は、雨が全く降らないとは限らないのだ。騙されないように気をつけよう。

■降水確率30％

次に、「降水確率30％」について考えてみよう。「確率30％」と聞いたあなたは、3回のうち1回は当たるだろう、と思っていないだろうか。

実際にはそれほど信用できるものではない。

「確率30％」の特徴をつかむためには、野球の「（打率がちょうど3割の）3割打者」を思い出すと良いだろう。

この「3割打者」は、100打席のうち30打席でヒットを打てる打者である。そのため、第1打席、第2打席とヒットが出なければ、「第3打席目こそ」とファンは予測するものであるが、意外とそうはいかない。3打席ノーヒットということがよくあるだろう。

これにはちゃんと理由がある。実際に確率を計算してみればわかることである。

3打席のうち3打席ヒット（○○○）になる確率は、0・3×0・3×0・3＝0・027

3打席のうち2打席ヒット（○○×、○×○、×○○）になる確率は、0・3×0・3×0・7＋0・3×0・7×0・3＋0・7×0・3×0・3＝0・189

3打席のうち1打席ヒット（××○、×○×、○××）になる確率は、0・7×0・7×0・3＋0・7×0・3×0・7＋0・3×0・7×0・7＝0・441

3打席のうち0打席ヒット（×××）になる確率は、0・7×0・7×0・7＝0・343

これは、3打席のうち1打席ヒットになる確率が最も高いが、次に高い確率であるのは、3打席のうち0打席ヒット（3打席ノーヒット）であることを示している。「（打率がちょうど3割の）3割打者」には、3打席ノーヒットはよくあることなのだ。

「確率30％」の「降水確率30％」もこれと同じである。

この予報が3回出たとしても当たるとは限らない。天気予報が連続してはずれることもよくあることなのである。

■天気予報の的中率85％

「天気予報の的中率は約85％と高く、年々上昇傾向にある」などとよく言われる。確かに、気象庁の発表する的中率（左の図）はそのようになっている。

これについて、「コンピューターの計算能力が向上したはずだから当然だ」と考える人がい

〈天気予報の的中率〉

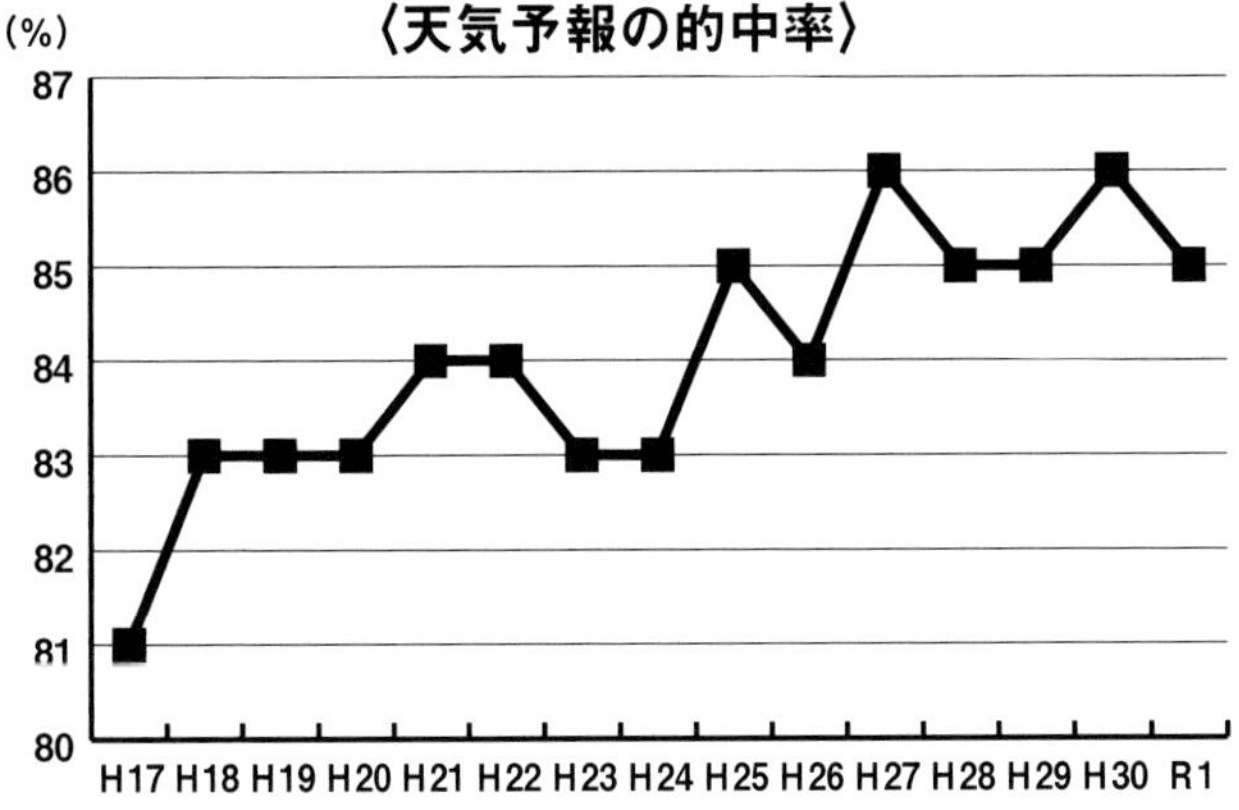

出典：「天気予報検証結果」（夕方発表の明日予報（全国）の的中率）（気象庁）
（https://www.data.jma.go.jp/fcd/yoho/data/kensho/score_f.html）より作成

る一方、「思ったよりも高いな」と感じる人もいるようであるが、どちらも間違いではない。

天気予報は、まず、大気の状態を表す気温や気圧などの情報を取得し、それらがこれから先の未来に向かってどう変化するかをスーパーコンピューターを用いて計算する。そして、予想天気図などの予測データを出したうえで、予報官が「明日は晴れ」などと判断するものである。

したがって、スーパーコンピューターの解析に頼るところが大きい。１９５９年に気象庁に導入されて以降、ハード面・ソフト面ともに充実させてきており、そのことが的中率上昇の一因であることは間違いない。

また、「思ったよりも的中率が高いな」と感じたとしてもおかしなことではない。

なぜなら、気象庁の発表する的中率は、降水の有無のみに着目して評価されているために、高めに出るからである。

例えば、「晴れ」と予報して「曇り」だった場合や、「雨」と予報して「雪」だった場合にも、「的中した」とみなされることになる。

このように、実際には的中していないのに「的中した」とみなされていたために、気象庁の発表する的中率は「思ったよりも高い」値になっていたのである。

高すぎる的中率には裏があったのだ。的中率の高い未来予測であっても、**安易に信じてはいけない**のである。

マグニチュード4の地震は大きいの？

【嘘を見抜くポイント】楽に計算できるように工夫しよう

■マグニチュード4の地震

「私は地震予知ができる」などと言う人を嘘つきだと決めつけてはいけない。なぜなら、地震予知なんて誰でもできるからだ。

実は、地震は毎日起こっている。例えば、「マグニチュード4の地震」は、日本周辺で1日数回、年間1000回ほども起こっているという。揺れているのに人間が気づいていないだけなのである。だから、「明日は間違いなく地震が起きる」などという地震予知は必ず当たることになるだろう。

ところで、「マグニチュード4」は地震の規模を表した数字である。「人間が気づかないのだから、とても小さい規模の地震なのだろう」と思っている人もいるだろうが、どのくらいの規模なのか確認したことがあるだろうか。

実際にやってみよう。

「マグニチュード４」の地震を起こすために必要なエネルギーの大きさは、次のように表すことができる。


約６３０億９５７３万４４４８Ｊ（ジュール）

ちなみに、１Ｊは、１００ｇほどの物体（小さなりんごくらい）を１ｍ持ち上げるために必要なエネルギーである。こんな数字の羅列を見ると、「目がおかしくなりそうだ」「もうお手上げだ」などと戸惑って思考停止に陥る人も多いに違いない。そこで、工夫してみよう。

６３０億９５７３万４４４８Ｊをわかりやすく言い換えることはできないだろうか。

実は、強引に感じるかもしれないが、ほとんど全ての数は「０が□個分」「$10^{□}$（10の□乗）」と言い換えることができる。そしてこれは関数電卓を使えば簡単に変換できる。

関数電卓には不慣れな人もいるだろう。色々な記号のボタンがあるが、「log」というボタンを押すだけだ。パソコンやスマホなどでもできる。

実際にやってみると、６３０億９５７３万４４４８は、０が約10・８個分と言い換えられることがわかるだろう。これは、６３０億９５７３万４４４８≒$10^{10.8}$と表すことができるということだ。

〈関数電卓の使い方〉

（Googleの関数電卓の場合）

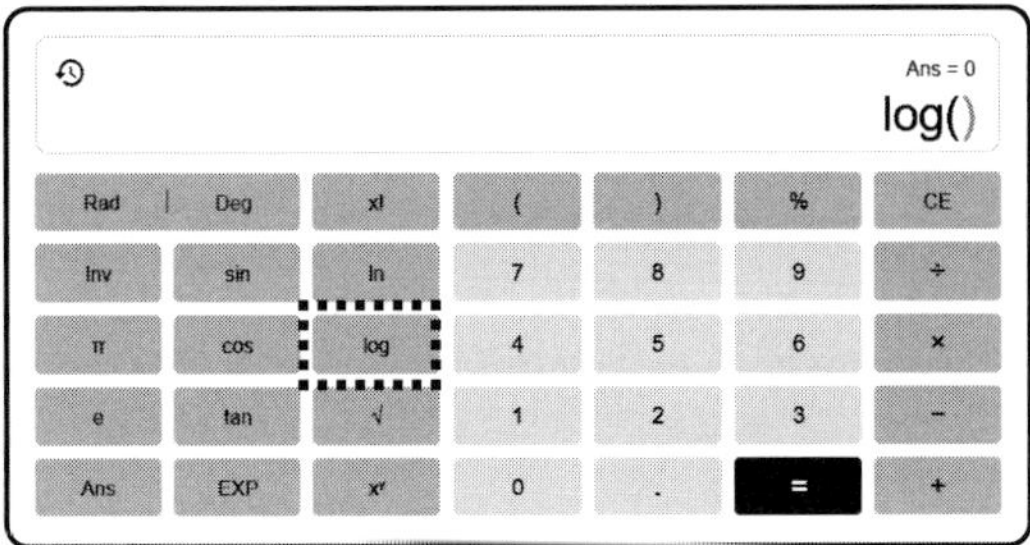

①「log」ボタンを押す

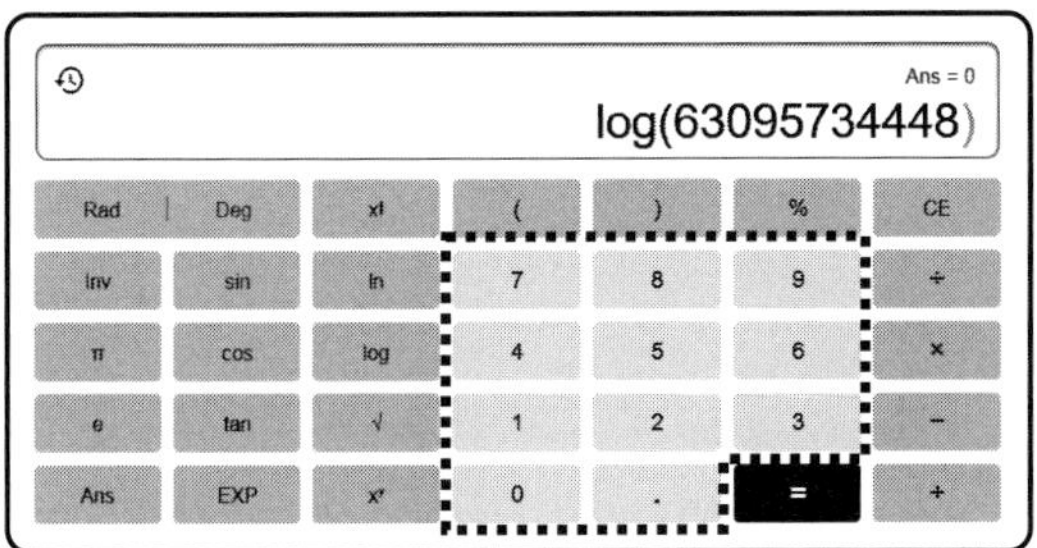

②数値を入力する

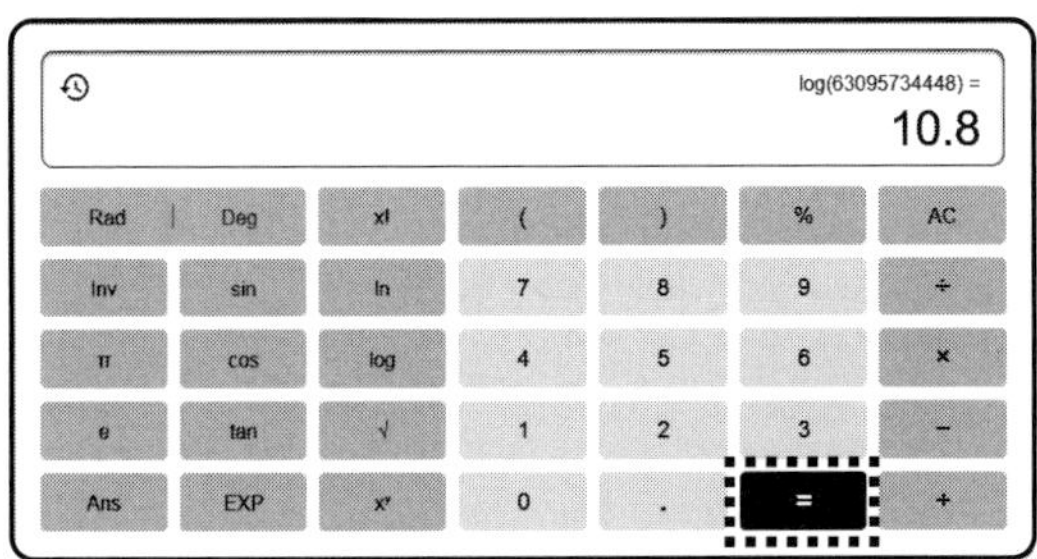

③「＝」ボタンを押す

するとどうだろうか。長い数字の羅列がシンプルでわかりやすい表示になっただろう。

630億9573万4448を$10^{10.8}$という表示にすることで、「10^{10}（100億）よりも大きくて10^{11}（1000億）よりも小さいのだな」と一目でわかるようになったに違いない。

このようにシンプルな表示にするなど工夫することにより、長い数字の羅列に戸惑って思考停止に陥ってしまうことがないように気をつけたいものである。

そして、「マグニチュード4の地震は、例えば、100億から1000億個のりんごが1mほど動くような規模の地震だ」などと冷静に考えるようにしよう。

■マグニチュード9の地震

東日本大震災は、「マグニチュード9」であった。実は、これは当初、「マグニチュード8・4」などと発表されていて、後になってから「マグニチュード9」に訂正されたものである。

「たった0・6の違いだから、ちょっとした違いにすぎない」と言う人がいるが、そのような人は大嘘つきだ。それをこれから示してみたい。「マグニチュード9」は、「マグニチュード8・4」と比べて、大きさにどれほど違いがあるか計算してみよう。

まず、「マグニチュード9」の地震は約199京5262兆3149億6887万9601

J、「マグニチュード８・４」の地震は約25京１１８８兆６４３１億５０９５万８０１１Jであることがわかっている。

そこで、１９９京５２６２兆３１４９億６８８７万９６０１÷25京１１８８兆６４３１億５０９５万８０１１という割り算を計算すれば、「マグニチュード９」が「マグニチュード８・４」の何倍の大きさであるかわかることになる。

長い数字の羅列で大変な計算のように感じるが大丈夫だ。「０が□個分」「$10^{□}$（10の□乗）」というシンプルな表示にしてみよう。関数電卓を使えばいい。１９９京５２６２兆３１４９億６８８７万９６０１は０が約18・３個分、25京１１８８兆６４３１億５０９５万８０１１は０が約17・４個分に相当することがすぐにわかるはずだ。すると、この割り算は、

$$10^{18.3} \div 10^{17.4} = 10^{18.3-17.4} = 10^{0.9}$$

と容易に計算できるのである。長い数字の羅列の割り算が、

18・３－17・４

という簡単な引き算になったのである。計算がやりやすくなったのだ。

これにより、「マグニチュード9」は、「マグニチュード8・4」の10倍近い規模であることがわかる。たった0・6の違いなのに、実際の規模は10倍近い大きな違いがあったのだ。0・6のマグニチュードの訂正は大きな変更だったのである。

ちなみに、これについて気象庁は、「外国の地震観測データから、3つの巨大な震源域の破壊が連続して発生していたことが新たにわかったため訂正した」としている。

■ウイルス飛沫を99％カットするマスクのつくり方

2020年は、新型コロナウイルス感染症の流行により、マスクを入手しづらい状況が続いた。そんな中、手作りマスクにチャレンジした人もいるに違いない。

学術医療機関「ウェイク・フォレスト・バプティスト・ヘルス」のスコット・シーガル博士によると、身近にあるキルト用のコットン生地は、ウイルス飛沫などの微粒子を約70％カットできるという。この生地1枚だけだとマスクとしては不十分であるが、複数枚重ねて多層構造にすることにより微粒子を遮蔽する性能を高めることができるだろう。

それでは、この生地を何枚重ねて使えば、ウイルス飛沫などの微粒子を99％以上カットできる高性能マスクを実現できるだろうか？

N枚の生地を重ねたとしよう。1枚の生地を通り抜けてしまう微粒子は約30％であるから、N枚重ねの生地を通り抜ける微粒子の割合は、0・3のN乗になるだろう。これが、1－0・99＝0・01未満になればいいのだから、（0・3のN乗）＜0・01という方程式を満たすNの値を求めればよいことになる。

難しい方程式のように感じるかもしれないが、大丈夫だ。これも先ほどまでと同様に関数電卓を使って「0が□個分」「$10^{□}$（10の□乗）」という表示にすればよいのである。

すると、0・01は0がマイナス2個分、0・3は0がマイナス約0・52個分であるから、この方程式は、

$$(10^{-0.52}\text{のN乗}) = 10^{-0.52N} < 10^{-2}$$

と言い換えられることがわかるだろう。

あとは、10の□乗の部分だけに着目して計算すればよい。マイナス0・52N＜マイナス2であるから、N＞2÷0・52＝3・8……より、Nの最小の値は4であることがわかる。つまり、4枚以上のコットン生地を重ねて使えば、微粒子を99%以上カットできる高性能マスクを実現できるのである。

このように、**数字を「0が□個分」「$10^{□}$（10の□乗）」と言い換えることで、計算が簡単にできるようになる**のだ。

全人類を他の惑星に移住させるために必要な広さは？

【嘘を見抜くポイント】おおまかに計算しよう

■地球上の全人類

地球は永遠ではない。今後50億年以内に、膨張した太陽に呑み込まれて最期を遂げると言われている。そのようなことから時折り話題になるのが、他の惑星への移住計画である。

全世界の人口は、約70億人とされている。「70億人もいるのだから、全人類が移住する惑星には地球と同じくらいの広さが必要だ」という人がいるが、そのような人は大嘘つきである。それをこれから示して見せよう。

70億人が移住する惑星にはどのくらいの広さが必要か、実際に計算してみるとよい。これは、世界中の人間が生きていくために必要な面積を計算するということだ。人間はそれぞれ身体の大きさも生活範囲も違うものである。だから、この計算には、とてつもなく大規模な調査などが必要だと感じるかもしれない。

しかし、安心してほしい。**おおまかな数値で考えることにすれば難しくない。**

まず、世界中の全ての人間をぎゅうぎゅうに寄せ集めるとする。

全世界の人口70億人は、7000000000人ということであるが、これでは0が多すぎて扱いにくい。そこで、70億人＝7×10^9人などと表すことにしよう。

1㎡の面積には、ぎゅうぎゅうにすると何人入るだろうか。はっきりとはわからないが、おそらく2人は大丈夫そうであり、5人になると厳しそうだ。だから、間をとって約3・5人とみてよいだろう。1㎡に3・5人を寄せ集められるとすると、全世界の人口70億人に必要な面積は、

$$7\times10^9\text{人}\div3.5\text{人}/\text{m}^2=2\times10^9\text{m}^2$$

より、約20億㎡であることがわかる。

これだとまだ数字が大きすぎてよくわからないので、単位をmからkmに換算しよう。P70の単位換算表を使えばいい。すると、$2\times10^9\text{m}^2=2\times10^9\times10^{-6}\text{km}^2=2\times10^3\text{km}^2$になる。

つまり、世界中の全ての人間が生きていくためには、2000㎢ほどの広さがあれば（十分ではないが）なんとか足りるのである。

これは、どのくらいの広さであろうか。正方形で考えてみると、1辺が40㎞だと面積は

1600㎢、1辺が50㎞だと面積は2500㎢である。

1600㎢＜2000㎢＜2500㎢であるから、2000㎢は、1辺が45㎞ほどの正方形の面積とみてよいだろう。

なんと、地球上の全人口は1辺が45㎞ほどの正方形の中に収まるのである。

ちなみに、東京都の面積は2194㎢、大阪府の面積は1905㎢であるから、最低限、東京都や大阪府ほどの広さがあれば、地球上の全人類はなんとか助かるということだ。

■おおまかな数値で論理的に考える

2000㎢ほどの広さがあれば、地球上の全人類がなんとか助かることはわかった。しかし、これでは世界中の人々をぎゅうぎゅうに詰め込まないといけないので、一時的にはしのげても、長期間生き延びることは困難だろう。

そこで、今度は、世界中の全ての世帯に居住地として家と庭を与えることにする。すると、地球上の全人類のために必要な面積はどれくらいになるだろうか？

まず、一般的な世帯の人数を推定する必要がある。先進国の都会では5人以上の大家族よりも1人暮らしの方が多いような気がするが、発展途上国の田舎では必ずしもそうではないかもしれない。そう考えると、平均的な世帯の人数は2～4人（3人程度）と見積もっておいて大きな間違いはないだろう。

　次に、家と庭の大きさがどのくらい必要になるかを推定する必要がある。

　身長は１人あたり最大２ｍなので、２〜４人が横になって休んだりするためには、10ｍもあればよいだろう。よって、10ｍの長さの家が必要だと見積もることができる。

　また、庭は、10ｍという家の長さの分だけあれば必要最低限足りるだろう。庭の形も家の形も様々なものが考えられるが、だいたい正方形の土地の中に正方形の家があると考えても不自然ではない。そうすると、一世帯あたり必要になる土地の面積は、20ｍ×20ｍ＝０・４×10^3㎡と見積もることができる。

　これらのことから、全世界の人口70億人に必要な面積は、

　７×10^9人÷３人／世帯×０・４×10^3㎡／世帯≒10^{12}㎡

より、約１００万㎢であることがわかる。

　１００万㎢と言うと、ずいぶん大きな面積のように感じられるが、そうでもない。日本の面積は約38万㎢であり、隣国の中国の面積は約１０００万㎢なのである。

　つまり、世界中の全ての世帯に家と庭を与えたとしても、中国の10分の１ほどの広さがあれば済むのである。したがって、地球上の全人類が移住するためには、最低限、中国の10分の１

ほどの広さのある惑星であればよいことがわかる。

「全人類が移住する惑星には地球と同じくらいの広さが必要だ」というのは嘘なのだ。

このように、**膨大な数や複雑な計算などを扱う問題については、おおまかな数値で論理的に考えることにより見積もることができる。**

■膨大な数は身近にある

これまでは、全世界の人口70億人＝7×10^{9}人という膨大な数を扱う問題を考えてきた。大きな数字をおおまかに計算することで、意外なことが明らかになることがわかっただろう。

ところで、膨大な数は身近なものの中にもある。代表的なものが、原子や分子の数だ。例えば、コップ一杯の水180gの中には、6×10^{24}個もの分子が含まれているのである。

地球上の海水の総量が1.4×10^{24}gと言われているので、これがとてつもない膨大な数であることがわかるだろう。そのため、やはり、意外なことが見えてくる。

コップ一杯の水を海の中に捨てて十分かき混ぜたとしよう。もう一度そのコップで海水をすくい取ったら、捨てた水の一部をすくい取ってしまうことはあるだろうか？

答えは、左の図のように実際に計算すると明らかである。必ずすくい取ってしまうことになる。

〈戻ってくる分子の数は…？〉

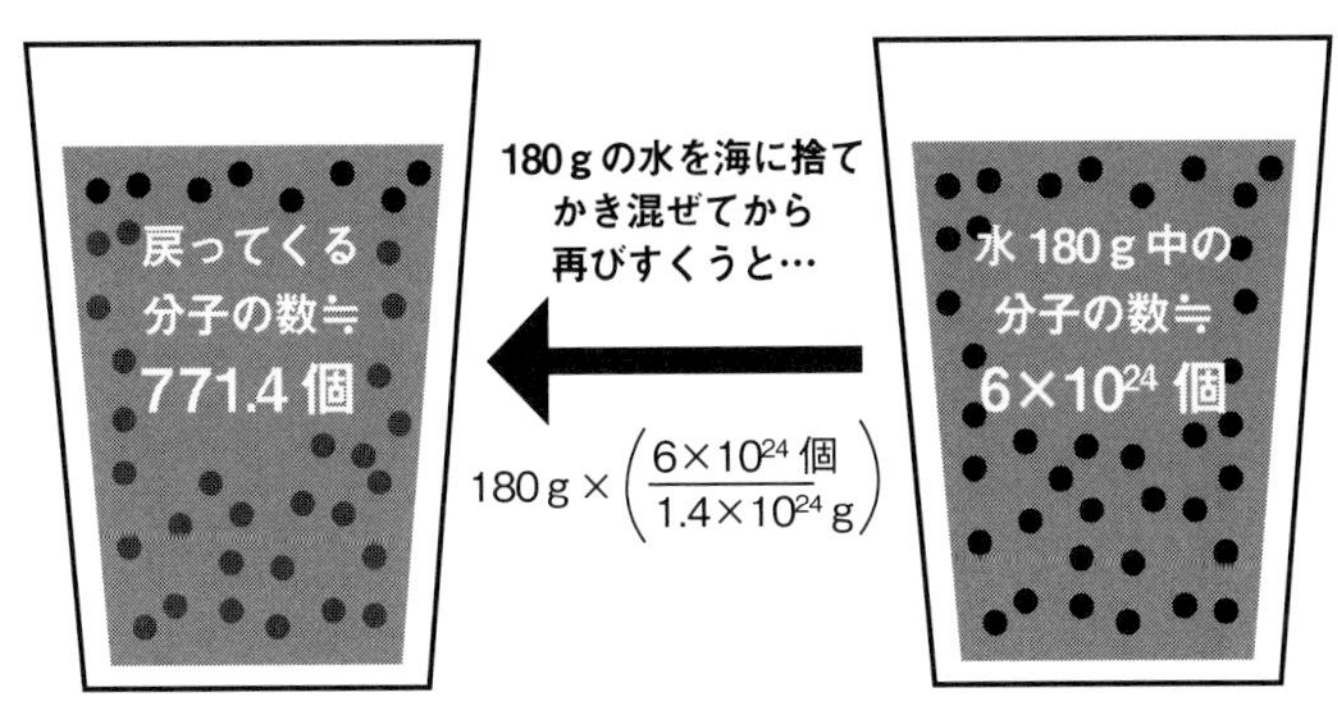

なんと、約800個の水分子は元に戻ってくるのだ。これほど広い海なのに、である。

このように水分子が元に戻ってくるのは、それだけ分子の数が多いからである。もし、分子の数が実際よりも3桁少なかったとすると、約0・8個の水分子が元に戻ってくる計算になるので、元に戻ってこない可能性があることになるだろう。

膨大な数をきちんと扱い、おおまかに計算することで、意外なことが明らかになるのだ。

おわりに

本書では、日常生活で見かける数字について、正しく理解できるようになるためのコツを解説してきた。本書をしっかり理解すれば、嘘やデタラメに騙されにくくなるだろう。

さて、近頃、「ユーチューバーになりたい」という人が増えているという。これは大変なことだ。なぜなら、そのような人は嘘やデタラメが危険なものだと思わなくなるからである。彼らにとって重要なのは、とにかく視聴者に動画を見てもらうことだ。つまり、視聴者である「人間」に動いてもらうことである。だから、他人に気に入られなければならない。そして、そのためには何をやることも厭わないはずである。嘘やデタラメを言うことなら簡単なので、一度は試すだろう。そして、その反応が良ければ続けるに違いない。そうしているうちに、嘘やデタラメに慣れて、それが危険なものだと思わなくなってしまうのである。

それでは、このような思い違いをしないようにするにはどうすべきか。

「人間」ではなく、「自然」に動いてもらうことを考えるといい。例えば、植物の花を咲かせることを考えてみよう。

当然、嘘やデタラメなことをしたら花は咲かない。植物は枯れてしまうかもしれない。嘘やデタラメが危険なものであることがわかるはずである。

実は、私はこのことを生来よくわかっている。森林や田んぼ、畑しかないような田舎の農家で生まれ育ったからである。そして、その頃から、「ユーチューバーになりたい」などという人に向けて、「嘘やデタラメは危険だ」ということを伝えたいと思っていた。

「人間」だけでなく、「自然」の方にも目を向けてもらいたいと思っていたのである。

本書には、そんな思いも込められている。

本書の執筆にあたり、各分野の専門家から多大なるご支援ご協力をいただいた。

現在の勤務先である産業技術総合研究所をはじめ、神奈川県庁、環境省、倉敷労働基準監督署、岡山労働局、厚生労働省、東京大学大学院新領域創成科学研究科、早稲田大学理工学部、秋田県立本荘高等学校、秋田県由利本荘市立本荘北中学校の関係者の皆様には、心から感謝している。

また、本書の編集にあたり、彩図社の大澤泉氏に大変お世話になった。

改めて感謝を申し上げたい。

２０２０年　７月　　田口　勇

参考文献

・国立天文台「理科年表」国立天文台２０２０
・日本音響学会「音のなんでも小事典」講談社　１９９６年
・ＡＳＩＯＳ「謎解き超科学」彩図社　２０１３年
・田村秀「データの罠」集英社　２０１０年
・荻上チキ「いじめを生む教室」ＰＨＰ研究所　２０１８年
・左巻健男「面白くて眠れなくなる地学」ＰＨＰ研究所　２０１６年
・涌井良幸「広告・ニュースの数字のカラクリがわかる統計学」日本実業出版社　２０１６年
・村山貢司「降水確率50％は五分五分か」化学同人　２００７年
・秋田魁新報取材班「イージス・アショアを追う」秋田魁新報社　２０１９年
・高橋久仁子「マスメディアや宣伝広告に惑わされない食生活教育」群馬大学教育学部紀要芸術・技術・体育・生活科学編，第48巻，２０１‐２１６・２０１３年
・金井成行、岡野英幸、織田真智子、阿部博子「肩凝りに対する磁気による治療効果の検討」日本ペインクリニック学会誌 Vol.3No.4,393-399,1996

・横山茂「落雷事故の統計と事故のメカニズム」J.IEIEJpn.Vol.,2,No. 2
・内閣府、警察庁、文部科学省、厚生労働省、環境省、気象庁、国土地理院、国立教育政策研究所、秋田県庁、一般財団法人自動車検査登録情報協会、一般社団法人全国発酵乳乳酸菌飲料協会、一般社団法人プレハブ建築協会、健康保険組合連合会：各団体のホームページ
・政府統計の総合窓口：https://www.e-stat.go.jp/
・あきた森づくり活動サポートセンター：http://www.forest-akita.jp/
・投資方法と平均的な利回り：https://crowd-answer.com/
・水分摂取量：https://www.hivelocity.co.jp/blog/31588/
・病棟と死亡率：https://en.wikipedia.org/wiki/Historical_mortality_rates_of_puerperal_fever
・体温：https:// 薬局実習 .com/ 在宅医療 / 体温計 .html

【著者略歴】

田口　勇（たぐち・いさむ）

1982年秋田県生まれ。2006年東京大学大学院修了、厚生労働省入省。霞が関のキャリア官僚として活躍。安全衛生部に所属し情報分析などを担当。安全・安心な国民生活を脅かす情報がないか調査した。2017年より、産業技術総合研究所主任研究員。「嘘」の情報を見抜く方法について研究している。

数字の嘘を見抜く本

カモにされないための数字リテラシー

2020年8月20日第一刷

著者　田口勇

発行人　山田有司

発行所　〒170-0005
株式会社彩図社
東京都豊島区南大塚3-24-4MTビル
TEL：03-5985-8213　FAX：03-5985-8224

印刷所　シナノ印刷株式会社

URL https://www.saiz.co.jp　https://twitter.com/saiz_sha

ISBN978-4-8013-0469-7 C0033
落丁・乱丁本は小社宛にお送りください。送料小社負担にて、お取り替えいたします。
定価はカバーに表示してあります。